Steffen Münzberg
Susanne Thiele
Vladimir Kochergin

Sex macht Spaß, aber viel Mühe

Steffen Münzberg
Susanne Thiele
Vladimir Kochergin

Sex macht Spaß, aber viel Mühe

Eine Entdeckungsreise zur schönsten Sache der Welt

orell füssli Verlag

© 2014 Orell Füssli Verlag AG, Zürich
www.ofv.ch
Alle Rechte vorbehalten

Redaktion: Kathrin Nord
Konzeption und Realisation: Ariadne-Buch, Christine Proske
Umschlaggestaltung und Motiv: Hauptmann & Kompanie Werbeagentur, Zürich
Druck: fgb • freiburger graphische betriebe, Freiburg

ISBN 978-3-280-05557-1

Die Deutsche Nationalbibliothek verzeichnet diese Publikation in der Deutschen Nationalbibliografie; detaillierte bibliografische Daten sind im Internet über http://dnb.d-nb.de abrufbar.

MIX
Papier aus verantwor-
tungsvollen Quellen
FSC® C106847

Inhaltsverzeichnis

Vorspiel
Was Ihnen bevorsteht

Dieses Buch möchte ein Verständnis vermitteln für die sexuellen Kräfte, die offen und verdeckt auf uns einwirken – gewollt und genossen oder auch unerwünscht, dann aber meist umso beharrlicher.

Welche Triebfedern bestimmen unser sexuelles Denken und Verhalten? Woher kommen unsere Vorlieben, unsere Kriterien bei der Partnerwahl und -beibehaltung? Wie sind wir die sexuellen, liebenden und sozialen Wesen geworden, die wir sind? All diese Fragen und noch einige mehr beantworten wir in diesem Buch.

Wir werden Ihnen nur wenige Ratschläge zur erfolgreichen Partnersuche oder zur Lösung von Beziehungsproblemen geben, dafür gibt es genügend andere Bücher. Vielleicht hilft Ihnen aber das Wissen über die sexuelle Vergangenheit der Menschheit, sich selbst, den einen anderen und auch die anderen anderen besser zu verstehen.

Viele Menschen stellen im Laufe ihres Lebens fest, dass Wunsch und Wirklichkeit in Sachen Sexualität oftmals nicht beieinander liegen. Es ist nicht immer einfach damit umzugehen. Selbstzweifel und Beschuldigungen des Partners sind oft die Folge. Wer allerdings weiß, woher die Unterschiede zwischen Wunsch und Wirklichkeit rühren, kommt mit diesen Spannungen besser zurecht. Es ist leichter, mit Wünschen und Begierden umzugehen, wenn Mann und Frau wissen, warum und wozu sie diese Wünsche, diese Begierden haben und wie diese als Teil der Persönlichkeit auf sie selbst und auf andere wirken.

In unserem Buch »Sex macht Spaß« wollen wir mit Ihnen die Evolutionsgeschichte der Sexualität durchwandern. Im ersten Teil erfahren Sie, dass uns die Bakterien den Sex eingebrockt haben und wie sie das angestellt haben. Sie tauchen außerdem mit uns ins Urmeer hinab und beobachten, wie es Urtiere miteinander tun.

Warum gibt es zwei Geschlechter? Warum vermehren sich Blattläuse jungfräulich, Elefanten aber nicht? Warum sind die meisten von uns keine Hermaphroditen, also keine Zwitter? Diese Fragen beantworten wir im ersten Teil des Buches. Und weil die Sexualität eng mit dem Sterben verbunden ist, widmen wir auch Tod und Alter ein eigenes Kapitel.

Während im ersten Teil des Buches nur längst vergangene Ein- und Vielzeller agieren, nehmen wir im zweiten Teil auch menschliche Eigenheiten in Augenschein. Es geht dann um das »Wer mit wem?«. Wir betrachten dort die Sexualauswahl – also die Partnerwahl. Bei der muss zwar niemand sterben, die Kriterien sind aber trotzdem recht streng. Das treibt im Laufe der Evolution dann interessante Blüten und Schwänze. Unsere Vorlieben bei der Partnerwahl haben uns nicht nur breite Schultern und breite Hüften eingebracht, sondern auch romantisch blickende Augen und Intelligenz. Unsere Vorfahren haben durch ihre Angewohnheit, vor dem Sex zu singen, zu malen und witzige Konversation zu betreiben, Musik, Kunst und Sprache wachsen lassen. Vieles von dem, was wir als Kultur bezeichnen, hat eine erotisch-evolutionäre Vorgeschichte.

Die Menschheit hat sich also zur Kultur gevögelt. Warum aber sprechen wir vom »Vögeln« und nicht vom »Lurchen« oder »Reptilieren«?

Im dritten Teil des Buches betrachten wir, wie sich Embryos zu Frauen, Intersexuellen und Männern entwickeln und wie das Geschlecht ins Gehirn kommt.

Im Morgengrauen des vierten Teils schleichen wir dann in den Urwald und beobachten unsere haarigen Verwandten bei der Paarung.

Es gibt den Ausspruch, unser wichtigstes Geschlechtsteil befände sich zwischen den Ohren. Dieses Geschlechtsteil, unser Gehirn, verliebt sich gern. Wozu eigentlich? Wo kommen unsere Liebesfähigkeit, unsere Liebeslust her?

Die Evolution findet es nicht nur amüsant, Lebewesen miteinander kopulieren zu lassen, nein, sie neckt auch einige Arten mit dem Verlangen, sich ausgerechnet in einen Geschlechtspartner verlieben zu müssen.

Wie haben sich die Liebe und der Sex beim Menschen gefunden und verbunden? Oder eben auch nicht? Ginge es denn nicht auch ohne romantische Gefühlswallungen? Unsere Verwandten – die Bonobos, Schimpansen, Gorillas und Orang-Utans – verlieben sich nicht. Warum aber wir? Wie hat die Partnerliebe uns und die Gesellschaft geformt? Und wie viel Monogamie ist das emotionale und evolutionäre Optimum? Zum Tages- und Buchausklang besuchen uns noch Bonobo und Co. im Schlafzimmer und geben dem Sexualleben ein bisschen zusätzlichen Schwung.

Übrigens: Wenn sich im Text jemand zu Wort meldet und behauptet »ich« zu sein, dann ist das Steffen Münzberg. Er trägt Schuld und Verantwortung für den Großteil des Textes. Der Teil »Baustelle Geschlecht« stammt von Susanne Thiele. Vladimir Kochergin kommt leider nicht selbst zu Wort, er recherchierte und lektorierte eifrig.

Teil I

Erregungsphase:

Wozu das Ganze?

Sex und Tod
Wozu Sexualität?

Warum betreiben wir Sex? Weil es Spaß macht. Warum macht Sex Spaß? Damit wir ihn machen. Wenn Sex keinen Spaß machen würde, würden wir uns nicht paaren, nicht vermehren und schon bald wären wir ausgestorben.

Warum aber brauchen wir unbedingt Sex für die Vermehrung? Es ginge doch auch ohne Sex. Bakterien vermehren sich ganz keusch durch Teilung. Viele Pflanzen lassen einfach einen Ableger wachsen, der dann eine neue Pflanze wird. Auch einige Tiere vermehren sich enthaltsam. Ein kleines, mit den Quallen verwandtes Hohltier namens Hydra – bekannt auch als Wasserpolyp – kann eine neue Hydra seitlich aus sich herauswachsen lassen. Oder sie teilt sich quer oder längs, um dann zwei Hydras zu sein. Blattläuse gebären junge Blattläuse –, im Sommer legen Blattläuse keine Eier, sondern sind lebend gebärend – ohne dass die Blattlausmutter irgendetwas wie Sex gehabt hätte. Es geht also auch ohne. Wozu dann der ganze Paarungsaufwand? Warum teilen wir Menschen uns nicht einfach wie die Hydra? Morgens aufwachen und neben sich liegen? Das wäre doch was.

Bakterienfutter

Um zu verstehen, weshalb uns Menschen die Sexualität mitgegeben wurde, müssen wir die Perspektive wechseln. Statt mit uns Menschen müssen wir uns mit Viren und Bakterien beschäftigen. Es geht nicht um die Bakterien und Viren, die beim Sex von Mensch zu Mensch springen; es geht hier ganz allgemein um die knisternde Beziehung zwischen den Viren bzw.

Bakterien und uns Vielzellern. Die Frage also lautet: Was haben die Erreger von Grippe und Durchfall mit unserem Sexualleben zu tun?

Betrachten Sie sich einmal aus dem Blickwinkel einer hungrigen Bakterie. Ein Mensch ist für eine Bakterie ein riesiger Fleischhaufen, der für lange Zeit Nahrung bieten könnte. Und hungrige Bakterien gibt es viele. Von dem Gewicht, das Ihnen Ihre Waage anzeigt, entfallen drei Kilogramm auf die in und an Ihnen lebenden Bakterien. Auch wenn Sie im Meer baden, sind in jedem Kubikzentimeter Meerwasser, also in nur einem Fingerhut voll, zehn Millionen Viren enthalten, die sich gern in Ihnen vermehren würden. Damit uns die vielen Bakterien und Viren nicht auffressen, brauchen wir eine Abwehrstrategie. Aber welche?

Bakterien brechen unsere Zellen auf, um sie zu verspeisen. Viren dringen in unsere Zellen ein, um sie als Viren-Brutstätte zu benutzen. Das Aufbrechen einer Zelle und das Eindringen in eine Zelle sind komplizierte biochemische Vorgänge: Die Bakterien und Viren docken an bestimmten Strukturen unserer Zelloberfläche an und benutzen dann chemische »Schlüssel«, um die Zellen zu öffnen. Zu unserem Glück verfügt nicht jede Bakterie und nicht jeder Virus über das Talent, unsere Zellen zu öffnen. Wenn dem so wäre, würden wir nicht aufrecht über die Erde gehen, sondern aufgelöst von den Viren und Bakterien als Zellflüssigkeitspfütze in der Erde versickern.

Die Schlüsselfrage

Zellen haben auf ihren Zellmembran-Oberflächen raffinierte molekulare Strukturen und Vorrichtungen. Es gibt komplexe Zuckermoleküle für den mechanischen und chemischen Schutz. Auf der Zelloberfläche befinden sich komplizierte Moleküle, die die chemischen Signale von anderen Zellen verstehen können und diese Signale in das Zellinnere weiterleiten. Und es gibt Molekülpumpen, die bestimmte Stoffe in die Zelle hinein- und andere Stoffe hinausbefördern. Die Oberfläche einer Zelle ist keine glatte

Hülle, sondern eine Mischung aus Molekülgebirge, Antennen-wald und Chemiefabrik.

Um eine Zelle zu öffnen, brauchen die Bakterien und Viren »Werkzeuge« oder »Schlüssel«, die biochemisch ganz genau zu einer Stelle auf der Zelloberfläche passen. Mit solch einem passenden Schlüssel können die Viren und Bakterien bestimmte biochemische Reaktionen in den Zellwänden auslösen, die die Zellwände öffnen. Diese »Sesam öffne dich«-Reaktionen, die sonst dazu dienen, bestimmte nützliche Stoffe in die Zelle zu schleusen, gewähren nun den Viren und Bakterien Zutritt in das Zellinnere. Nur wer den richtigen Schlüssel zu einer Zelle hat, bekommt Futter und kann sich vermehren. Für die Bakterien sind unsere Zellen gut gefüllte Vorratskammern, Kühlschränke und Weinkeller gleichzeitig. Und die Viren sehen in unseren Zellen kostenfreie Entbindungsstationen und Kindergärten. Das klingt harmlos, ist es aber nicht. Unsere Zellen werden von eingeschleusten Virengenen gezwungen, in ihrem Inneren gewaltige Mengen von Jung-Viren zusammenzubauen. Die so in einer Zelle herangewachsenen Viren wollen in die Welt hinaus und brechen dazu die Zelle von innen auf. Die aus den Zell-Trümmern ausgeschwemmten Viren befallen sofort die nächsten Zellen, denen dann das Gleiche bevorsteht.

Wie aber kommen die Viren und Bakterien an die richtigen Zell-Schlüssel heran? Und wie können wir das verhindern?

Sollte auf Ihrem Körper einmal eine neue Bakterie landen, dann besitzt diese Bakterie wahrscheinlich keinen passenden Schlüssel zu Ihren Zellen. Aber die Bakterien haben die Zeit auf ihrer Seite. Bakterien können sich innerhalb von 20 Minuten teilen, immer und immer wieder und dabei mutieren. Mit neuen Mutationen können immer neue chemische Schlüssel entstehen. Irgendwann einmal wird irgendeine Bakterie einen Schlüssel haben, der genau zu Ihren Zellen passt. Und dann werden Sie von den Bakterien an- oder vielleicht auch aufgefressen.

Happy End

Es gibt aber eine sichere Methode, das Gefressenwerden zu verhindern. Eine todsichere Methode. Sterben Sie! Sterben Sie, bevor Sie gefressen und dadurch krank werden!

Aber geht es nicht um das Überleben? Wie soll Sterben beim Überleben helfen? Ja, es geht um das Überleben. Aber leider nicht um Ihr wertes Überleben, sondern um das Ihrer Gene, um das Überleben Ihrer Erbinformationen. Um also Ihre Gene vor den Bakterien und Viren, den Parasiten, zu retten, sollten Sie schnell Kinder bekommen, die Kinder schnell großziehen und dann schnell sterben. So lassen Sie den Parasiten nicht genug Zeit, Ihren Zellwand-Code zu entschlüsseln. Bevor sich die Bakterien und Viren bei Ihnen gemütlich einrichten können, sind Sie schon gestorben. Und weil Sie noch keine Parasiten in Ihren Zellen haben, sterben Sie bei bester Gesundheit. Ein zeitlich gut geplanter Tod ist für die Gene eine wirksame Überlebenshilfe.

Dass Sterben geplant sein kann, sehen Sie an den Eintagsfliegen. Nachdem die Eintagsfliegen-Larven viele Monate im Wasser verbracht haben, steigen alle Larven gleichzeitig aus dem Wasser, häuten sich und leben als flugfähige geschlechtsreife Insekten nur noch einige Tage. Sie sterben aber nicht, weil ihnen kein längeres Leben möglich wäre oder weil sie gefressen werden. Nein, sie sterben, weil sie genetisch so programmiert sind. Zu einem bestimmten Termin, gleich nach Paarung und Eiablage, sterben sie pflichtbewusst zum Zwecke der Arterhaltung. Die Eintagsfliegen überlisten so die Räuber und Parasiten. Kein Vogel, keine Libelle und auch keine Schlupfwespe oder Milbe kann sich an die nur wenige Tage im Jahr herumfliegenden Eintagsfliegen anpassen. Keine Art kann zum spezialisierten »Eintagsfliegenjäger« werden, ohne dabei zu verhungern und auszusterben.

Auch unser Tod ist geplant. Wir sterben zwar nicht auf den Tag genau geplant wie die Eintagsfliegen, aber wir sterben. Was lässt uns sterben? Wenn uns nicht die Parasiten hingerafft haben, dann sterben wir an Krebs oder am Alter. Altern bedeutet, dass die Zellen immer schlechter funktionieren. Die Zellen verschleißen, weil das zellinnere Reparatur- und Wartungsprogramm immer schlechter abläuft. Stark verschlissene Zellen werden auch nicht mehr erneuert. Sind das aber nicht normale Lebenserscheinungen? Wieso sollen das Altern und der dann folgende Tod geplant sein? Sind Altern und Sterben denn nicht unvermeidlich?

Altern ist vermeidbar. Altern muss nicht sein. Ewige Jugend ist machbar – aber nur dort, wo sie einen evolutionären Vorteil hat. Dazu mehr im Kapitel »Tod und Alter«, in dem wir auch die Telomere betrachten, die uns vor Krebs schützen sollen, uns aber auch pünktlich sterben lassen. Nun zurück zu den Parasiten und ihrer Lieblingsspeise: uns.

Sei ANdERS!

Bei Wesen wie Mensch und Elefant, bei denen die Nachwuchserzeugung durch lange Schwangerschaft und Brutpflege ein paar Tage länger dauert als bei den Eintagsfliegen, ist das »schnelle Sterben« nicht ganz so einfach zu bewerkstelligen. Langlebige Lebewesen haben es schwerer, den Parasiten zu entkommen als die Schnellsterber. Aber außer dem eiligen Dahinscheiden gibt es noch eine andere Methode, mit heiler, einigermaßen parasitenfreier Haut davonzukommen.

Unsere Kinder werden in eine Welt voller Viren und Bakterien hineingeboren. Die Parasiten, die vielleicht schon 20 oder 30 Jahre auf oder in der Mutter leben und dabei den passenden Zelloberflächen-Schlüssel schon gefunden haben, stürzen sich nun auf den Nachwuchs. Wenn die Kinder der Einfachheit halber durch Jungfrauengeburt zur Welt gekommen sein sollten, haben sie die gleichen Gene wie die Mutter und damit auch die gleichen Zelloberflächen wie sie. Die Kinder sind dann ein gefundenes Fressen für die Parasiten, die ja schon an den Zellen der Mutter trainiert haben. Die Kinder werden nun von Bakterien und Viren besiedelt, die den Zelloberflächentyp der Kinder bereits kennen. Die Parasiten können deren Zellen ohne Mühe aufbrechen. Wenn also Mutter und Kind genetisch identisch sind, dann hilft das schnelle Sterben nicht dem Überleben der Gene. Die Mutter ist zwar tot, doch ihre identischen Kopien laden zum Festessen ein. Sich klonen lohnt also nicht. Was aber dann? Gibt es eine Möglichkeit, parasitensicherere Kinder auf die Welt zu bringen?

Viele Vielzeller benutzen eine sehr elegante Methode, die Bakterien und Viren auszutricksen. Diese Vielzeller, zu denen auch wir gehören, bringen ihre Nachkommen nicht genetisch identisch, sondern genetisch abgeändert auf die Welt. Durch die genetischen Änderungen unterscheiden sich die Zelloberflächen der Kinder von denen der Mutter. Die Parasiten stehen nun vor verschlossener Tür, der Schlüssel passt nicht mehr. Die Viren und Bakterien müssen wieder nach einem passenden Zelloberflächen-Schlüssel suchen. So hat der genetisch geänderte Nachwuchs eine Chance, alt genug zu werden, um selbst Kinder zu bekommen, bevor die Parasiten auch seine Zellen öffnen können. Wie aber können Vielzeller ihre Gene geplant ändern?

Mischmasch

Die Methode, mit der die Vielzeller die genetische Abänderung ihrer Kinder bewerkstelligen, ist – anders als der geplante Tod – recht erbaulich. Ihr Name lautet:

Sex. Bei der sexuellen Vermehrung kommt es zur Gen-Durchmischung. Sexuell erzeugte Kinder tragen einen anderen Gen-Mix in sich als ihre Eltern. Wie läuft das Gen-Mischen ab? Wird gerührt oder geschüttelt?

Die Gen-Durchmischung beginnt lange vor dem Sex. Schon bei der Erzeugung von Ei- und Spermazellen werden Gene durcheinandergewürfelt. Der menschliche Erbgut-Text braucht mindestens 23 verschiedene Chromosomen als Aktenordner. In normalen Körperzellen gibt es diese Aktenordner – wie in jeder guten Behörde – in doppelter Ausführung. Normale Körperzellen haben einen doppelten Chromosomensatz mit insgesamt 46 Chromosomen. 23 davon stammen von der Mama und 23 vom Papa.

Wenn sich zum Beispiel eine Leberzelle in aller Ruhe asexuell teilen will, dann werden die 46 Chromosomen in ihr kopiert und jede der beiden neuen Leberzellen bekommt 46 Chromosomen. Wenn es nun daran geht, in Vorbereitung auf späteren Sex Ei- und Spermazellen zu erzeugen, läuft es etwas anders ab. Die 46 Chromosomen werden nicht kopiert, sondern einfach nur verteilt. Einer links, einer rechts. Fertige Ei- und Spermazellen haben also nur einen einfachen Chromosomensatz. Das stört aber nicht, denn nach erfolgreichem Sex – der Verschmelzung zweier Zellen – wird ja alles wieder doppelt sein.

Die Aufteilung der 46 Chromosomen in zweimal 23 Chromosomen geschieht ganz zufällig. Niemand fragt, ob das Chromosom, das gerade in eine neue Zelle verfrachtet wird, früher mal von Vater oder von Mutter gekommen ist. In jeder Eizelle bzw. Spermazelle gibt es also eine andere, neue Chromosomen-Mischung.

Dann vereinigen sich beim Sex die 23 zusammengewürfelten Chromosomen der einen mit den 23 Chromosomen der andern verschmelzungswilligen Zelle. Alle 46 Chromosomen stammen von den Eltern und Großeltern. Aber keiner der Eltern oder Großeltern hat genau diese Kombination aus diesen 46 Chromosomen.

Das ist aber noch nicht alles, was unsere innere Genmischmaschine leisten kann. Bei der Ausbildung von Geschlechtszellen in Hoden und Eierstock werden sogar Chromosomenabschnitte zwischen den Chromosomen getauscht. Kurz vor der Zellteilung – wenn sich die Chromosomen wohlgeordnet für die Aufteilung auf die beiden neuen Geschlechtszellen anstellen – werden die Chromosomen zerschnitten. Dann werden Chromosomenstücke zwischen den parallelen Chromosomen ausgetauscht und in das jeweils andere Chromosom eingebaut. Das ist, als ob man bei zwei Anzügen je einen Ärmel und ein Hosenbein abtrennt und dann an den anderen Anzug wieder annäht. Dieses extrawilde Genmischen heißt »Crossing-over« oder »chromosomale Rekombination«.

Durch das Durchmischen von Chromosomen und Chromosomenabschnitten hat nun jedes Kind eine andere Genmischung und damit eine andere Zelloberfläche als seine Eltern. Jedes Kind ist damit eine ganz neue Herausforderung für die Parasiten. So werden mit jeder neuen Generation die Evolutions-Spielkarten neu gemischt und ausgeteilt für eine neue Runde »Leben und Tod«. Der evolutionäre Zweck einer sexuellen Vereinigung ist also die Durchmischung der Gene. Weil unsere Chromosomen gesellig sind, lassen sie uns Sex veranstalten.

Bei der sexuellen Genvermischung zwecks Parasitenabwehr kommt es darauf an, anders zu sein. Anders als die anderen. Es kommt darauf an, immer neue Schlösser zu besitzen, für die die Bakterien und Viren noch keine Schlüssel haben.

Zur Verdeutlichung: Bei einer Vermehrung ohne Sexualität passiert immer wieder Folgendes: Wenn bestimmte Gene einen guten Parasitenschutz bewirken, dann breiten sich diese Gene schnell innerhalb der Population aus. Es gibt bald viele gleiche Lebewesen mit gleichen Genen und gleichen Zelloberflächen. Und es gibt dann auch viele Übungsflächen für die Parasiten. Es dauert nicht lange, bis ein Parasit einen passenden Schlüssel zu diesen vielen potentiellen Wirten findet. Dann werden aus den eben noch so gesunden Vielzellern wieder Brut- und Futterstellen für die Parasiten. Die eben noch so erfolgreichen Gene sterben so mit ihren kranken, parasitenzerfressenen Trägern wieder aus.

Vielzeller wie wir, die sich nur ganz gemächlich vermehren, haben keine Chance, sich auf die übliche Weise durch Mutation und Auslese an ganz bestimmte Bakterien oder Viren anzupassen. Die mutationsfreudigen Viren und Bakterien verändern sich viel schneller als wir. Wir können nur ganz generell versuchen, den Parasiten das Parasitieren so schwer wie möglich zu machen.

Dafür nutzen wir also den Misch-Sex, Sex zum Mischen von Chromosomen und Genen. Wie gesagt: Genkombinationen, die heute gut sind, werden es morgen mit Sicherheit nicht mehr sein. Umgekehrt kann aber manchmal das, was vorgestern schlecht war, heute wieder gut sein. Zelloberflächen-Schlösser, die früher für Parasitenangriffe anfällig waren, können viele Generationen später wieder für einige Zeit brauchbar sein. Der Grund ist, dass sich die Parasiten in der Zwischenzeit auf andere Schlösser konzentriert und dabei verlernt haben, diese fast ausgestorbenen Schlösser zu öffnen. Wie Einbrecher, die ein uraltes Kellerschloss nicht knacken können, weil ihnen die Konstruktion fremd ist.

Bei Inzucht funktioniert das Schlösser-Wechseln übrigens nicht. Es kommt zu keinen genetischen Veränderungen beim Genmischen, weil beide Eltern nahezu das gleiche Erbgut mitgeben. Inzucht bietet keine Vorteile, deshalb verhindern die meisten Pflanzen die Selbstbestäubung und viele Tiere meiden beim Sex ihre nahe Verwandtschaft. Das Motto »Warum in die Ferne schweifen? Sieh, das Gute liegt so nah!« gilt beim Sex zwecks Gen-Durchmischung definitiv nicht.

Tiere haben als zusätzliche Parasitenabwehr Immunsysteme mit Antikörpern und Killerzellen. Wirbeltiere, und damit auch wir Menschen, verfügen über hochkomplexe lernfähige Immunsysteme, andere Tiere haben schlichtere Immunsysteme ohne Lernfunktion. So wie die Bakterien und Viren die Zellen des Vielzellers aufbrechen wollen, so versuchen die Kampfzellen des Immunsystems, die Parasiten aufzubrechen. Um erfolgreich zu sein, braucht ein Immunsystem passende Schlüssel für die Oberflächen der Parasiten. Die Immunsysteme haben viele Schlüssel in ihrem Vorrat. Doch nur durch eine immer wieder neue sexuelle Durchmischung des Immunsystem-Erbguts sind die genetischen Schlüssel-Bibliotheken groß genug, um immer neuen Angreifern widerstehen zu können. Sex wirkt also wie eine Impfung. Aber nicht bei denen, die den Sex betreiben, sondern bei ihren Kindern.

Alice im Evolunderland

Nun wissen wir, wem wir den Sex und auch den sicheren Tod zu verdanken haben – den Bakterien und Viren. Die Parasiten halten uns ständig auf Trab. Nachdem es Alice ins Wunderland verschlagen hatte, war sie ein Buch später »Alice hinter den Spiegeln«. Hinter den Spiegeln traf Alice die Rote Königin, die bei einem Waldlauf ohne Vorankommen sagte: »Hierzulande musst du so schnell rennen, wie du kannst, wenn du am gleichen Fleck bleiben willst.« So ist es auch beim Wettlauf mit den sich ständig wandelnden Parasiten. Trotz allen Rennens schafft man es nie, die Parasiten abzuhängen, man kann höchstens eine Nasenlänge voraus sein, um gerade noch zu überleben. Nur wer ständig rennt, sich ständig verändert, überlebt. Darum heißt die Theorie, nach der auch der Sex eine Reaktion auf sich ständig verändernde Parasiten ist, die »Rote Königin Theorie«. Sie wurde 1973 von Leigh Van Valen aufgestellt und beschreibt den Wettlauf und das Wettrüsten verschiedener Arten gegeneinander als wichtige Triebkraft evolutionärer Entwicklungen. Diese Theorie sieht im Sex eine Waffe der Arten im Kampf gegeneinander. Die »Rote Königin Theorie« ist heute ein grundlegender Baustein der Evolutionsbiologie.

Bevor wir betrachten, wie die Geschlechter entstanden sind und wie Vielzeller durch richtig angestellten Sex kräftigere, gesündere und schönere Kinder bekommen können, müssen wir die Frage beantworten: »Warum vermehren sich nicht alle Vielzeller sexuell?« Es wird wohl auch einige gute Gründe dafür geben, auf Sex zu verzichten.

Oder doch besser Jungfrauengeburt?
Die Vor- und Nachteile der Sexualität

Welche Nachteile hat Sex? Warum sind nicht alle Vielzeller Fans vom Sex? Ist die Vermehrung ohne Sex eine evolutionär erfolgreiche Strategie zur Vermeidung von sexueller Frustration? Werden so Nebenwirkungen wie emotionale Unausgeglichenheit und Übergewicht durch Ersatzbefriedigung am Kühlschrank vermieden?

Der kleine und der große Nachteil

Der für Sie im diesem Moment spürbarste Nachteil von Sex ist, dass Sie durch dieses Buch unter den verdummenden Auswirkungen von Sex leiden. Weil unser Gehirn auch im Buchladen sein Interesse an Sex nicht abschalten kann, habe ich mein erstes Buch nicht über die spannende Selbstorganisation der Moleküle bei der Entstehung des Lebens geschrieben und auch nicht über die unterhaltsame Evolution der Witze. Ich musste Ihnen diese aufregenden Themen vorenthalten und stattdessen das millionste Buch über Sex schreiben. Ich hoffe, Sie verzeihen mir.

Sex vermiest Ihnen aber nicht nur das Bildungserlebnis. Er hat auch noch zwei andere schwerwiegende evolutionäre Nachteile.

Der große Nachteil

Der große Nachteil der Sexualität ist: Sex erschwert die Verbreitung der Gene! Um das zu verstehen, stellen Sie sich bitte vor, Sie wären ein Gen. Ein rechtschaffenes Gen in einem rechtschaffenen Marienkäfer. Sie als Gen sorgen dafür, dass der Marienkäfer immer ein bestimmtes Enzym für die Verdauung von Blattläusen im Darm hat. In dem von Ihnen bewohnten Marienkäfer ist es recht behaglich, denn der Marienkäfer gibt sich alle Mühe, satt zu werden und am Leben zu bleiben. Damit sorgt er auch immer gut für Sie. Was aber bringt die Zukunft? Die Tage Ihres sechsbeinigen und siebenpunktigen Wohnmobils sind gezählt. Marienkäfer werden nur ein Jahr alt. Doch es gibt Hoffnung: Ihr Wohnmobil wird irgendwann Eier legen. In den Eiern werden Kopien von Ihnen enthalten sein. Deshalb sterben Sie, also das Enzym-Gen, nicht aus. Und im nächsten Sommer krabbeln dann viele Kopien von Ihnen in neuen Marienkäfern umher.

Nun hat Ihr Wohnmobil aber eine ganz wunderliche Programmierung. Statt Sie, das supertolle Verdauungsenzym-Gen, in jedem Ei zu platzieren, sucht sich Ihr Wohnmobil ein anderes Wohnmobil und hat Sex mit diesem. In den dabei erzeugten Eiern steckt ein Gemisch aus den Genen Ihres Wohnmobils und den Genen des anderen Wohnmobils. Wegen der Durchmischung mit den fremden Genen sind Ihre Kopien nur noch in jedem zweiten Ei enthalten. So eine Frechheit! Statt in allen hundert Marienkäfer-Eiern stecken Ihre Kopien in nur fünfzig Eiern. In den anderen fünfzig Eiern stecken Kopien von irgendeinem dahergelaufenen Enzym-Gen.

Aus Sicht eines ausbreitungswilligen Gens ist Sexualität erst einmal grober Unfug. Ein Gen wird nur an jedes zweite Kind weitergegeben. Und nur an jeden vierten Enkel. Optimale Genverbreitung sieht anders aus.

Jetzt kommt es aber anders! Einmal angenommen, Sie als bisher unbescholtenes Gen erleiden eine Mutation. Das Enzym, für das Sie zuständig sind, wird nun verändert produziert. Zufällig bewirkt diese Enzymveränderung, dass sich Ihr Marienkäfer zur Vermehrung nicht mehr paaren muss. Ihr weiblicher Marienkäfer legt jetzt ohne Sex Eier und aus jedem Ei schlüpft eine genetisch identische Tochter, die auch keinen Sex braucht. Söhne gibt es nicht mehr. Und in jeder dieser Töchter steckt eine Kopie von Ihnen. Wie praktisch.

Was richten Sie mit dieser Mutation an? Weil nun alle Kinder, Enkel und Urenkel weiblich sind und Eier legen, hat Ihr mutierter Marienkäfer doppelt so viele Nachkommen wie die anderen Marienkäfer. Zehn Marienkäfer mit dem neuen »Wir-brauchen-keinen-Sex«-Gen legen zusammen 1000 Eier. Zehn sexuelle Marienkäfer, fünf Männchen und fünf Weibchen, bringen es zusammen auf nur 500 Eier, denn die Hälfte der sexuellen Marienkäfer sind Männchen, die zu dieser wichtigen Sache nichts beizutragen haben. Die asexuellen Marienkäfer haben also doppelt so viele Kinder wie die sexuellen Marienkäfer, bezogen auf deren Summe aus Männchen und Weibchen. Der von Ihnen, dem Enzym-Gen, so geschickt veränderte Marienkäfer hat bald viermal so viele Enkel wie die anderen Marienkäfer. Und achtmal so viele Urenkel und 16-mal …

Durch die doppelte Vermehrungsrate breiten sich Ihre Gen-Kopien viel erfolgreicher aus als die Kopien der nicht mutierten Konkurrenz-Gene. Es gibt dadurch zunächst immer weniger Marienkäfer-Männchen, und bald sind die Männchen ausgestorben. Sie sind überflüssig geworden, sie nehmen nur Platz und Futter weg. Ohne Sexualität kann dieser Ballast an unnützen Fressern vermieden werden. Ein Gen für asexuelle Vermehrung breitet sich viel besser aus als ein Gen für sexuelle Vermehrung.

Sie können jetzt scharfsinnig einwenden: »Die Sexualität macht doch nur dann viel Aufwand, wenn es Männchen und Weibchen gibt. Bei Zwittern gibt es die unnütze Aufteilung der Geschlechter doch gar nicht. Alle Zwitter bekommen Kinder. Bei Zwittern ist die sexuelle Vermehrung genauso effektiv wie die asexuelle Vermehrung.«

Das stimmt, lieber Leser, nicht ganz. Denn mühelos ist der Sex bei den Zwittern auch nicht.

Stellen Sie sich nun vor, Sie wären ein Gen in einem Kirschbaum. Ihr Wohnimmobil ist diesmal ein Zwitter. Den Platz in den Kirschkernen müssen Sie mit anderen, mit dem Blütenstaub angeflogenen Genen teilen. Ihr zwittriger Baum erzeugt aber selbst auch Blütenstaub. So gelangen Ihre Gen-Kopien in die Kirschkerne anderer Bäume. So gleicht es sich wieder aus. Haben Zwitter damit die gleiche Anzahl an Nachkommen wie asexuelle Arten?

Nein, denn der Kirschbaum-Sex ist recht mühevoll. Es müssen viele bunte Blüten und viel Nektar erzeugt werden, um die Sexarbeiterinnen, die Bienen, anzulocken und zu belohnen.

Noch mehr Mühe macht der Sex den Nacktsamern, wie zum Beispiel den Gräsern oder den Nadelbäumen. Die Nacktsamer nehmen nicht die kostenpflichtigen Dienste der Bienen in Anspruch, sondern nutzen den kostenfreien Service des Windes. Der Wind-Service ist aber nicht so gut wie der Bienen-Service. Es müssen Unmengen an Pollen erzeugt werden, damit einige wenige Pollen vom Wind auf die weiblichen Geschlechtsorgane anderer Nacktsamer geblasen werden. Ohne Bestäubung gäbe es keine Pollen in der Luft und keinen Heuschnupfen.

Beim Menschen sähe ein vergleichbares Nacktsamer-Windbestäubungs-Szenario so aus: In einem großen See sitzt eine Frau, die nicht schwimmen kann. Auf der gegenüberliegenden Seite des Sees steht ein Mann im Wasser, der auch nicht schwimmen kann. Wie kann der Mann auf der einen Seite des Sees mit der Frau auf der anderen Seite des Sees ein Kind zeugen, ohne dass sich einer der beiden von der Stelle rührt? Nun, da muss der Mann fleißig sein. Er muss eine hohe Spermiendichte im See erzeugen. Er muss so viele Spermien in den See geben, dass mindestens ein Spermium zufällig den Weg über den See ins Innere der Frau findet. Na dann viel Spaß, ausreichend viel Fantasie und keine Blasen an den Händen! So wäre das Mannsein dann doch ein ziemlich harter Job. Bei Zwittern ist die Vermehrung also auch mit viel Aufwand verbunden.

Wer auf Sex – zum Beispiel Bestäubung – verzichtet, spart sich diesen ganzen Aufwand und kann seine Energie anderswo sinnvoll zum Überleben und Vermehren einsetzen.

Der kleine Nachteil

Sex ist häufig ungesund und manchmal auch tödlich. Ich erwähne nur Hautpilze, Chlamydien, Trichomonaden, Filzläuse, Herpes genitalis, Gonorrhö, jähzornige Ehemänner, Pappilom-

Viren, Hepatitis B, Syphilis, HIV. Mehr brauche ich hier nicht zu sagen.

Die drei Vorteile

Warum also Sex? Unter den Lebewesen gab es in den ersten zwei Milliarden Jahren keinen Sex. Zwei Milliarden Jahre lang evolutionierte die Natur so vor sich hin – und dann erst kam der Sex. Erst waren es nur ein paar Exoten, die diese wunderliche und ausgefallene Art Fortpflanzung betrieben. Dann wurde sie aber immer populärer. Warum nur? Welche Vorteile hat Sex?

Vorteil eins

Im ersten Kapitel haben wir gesehen, dass Nachkommen von Vielzellern durch die Gen-Durchmischung immer neue schicke Zelloberflächen tragen, an denen sich die Viren und Bakterien ihre biochemischen Zähne ausbeißen. Doch darüber hinaus gibt es noch zwei weitere Gründe, derentwegen Mann, Frau, er, sie, es den ganzen Aufwand rund um die Sexualität betreiben.

Vorteil zwei

Den zweiten guten Grund, Sex zu haben, finden wir bei einem Waldspaziergang. Wir gehen in einen europäischen Urwald und beobachten Braunbären. Die Braunbären sind braun, manche dunkler, manche heller. Sie haben eine Fettschicht unter der Haut, bei manchen ist sie dünner, bei anderen dicker. Manche Bären haben ein dichtes Fell, andere ein lichteres. Die Braunbären sind gut an das Waldleben angepasst und nichts treibt sie dazu, sich gravierend zu verändern.

Um nun den Braunbären die Laune zu verderben, stoppen wir den Golfstrom im Atlantik. Keine Zusatzheizung für Europa, so ist es schon einige Male geschehen. Innerhalb weniger Jahre ist Eiszeit. Der durchschnittliche Braunbär übersteht das Leben in der nun entstehenden kalten, baumlosen und eisbedeckten Tundra nicht unbeschadet. Da helfen auch ein etwas dickeres Fell oder eine etwas dickere Fettschicht nur wenig. Wenn den Braunbären beim Frieren nicht völlig die Lust vergangen ist, haben sie weiterhin Sex. Durch die Durchmischung der Chromosomen beim Sex gibt es gelegentlich Braunbären, die das Gen für dichteres Fell, das Gen für hellere Färbung und das Gen für eine dickere Fettschicht gleichzeitig in sich tragen.

Diese beim Genwürfeln erzeugten fetteren und flauschigeren Hellbraunbären haben eine viel höhere Überlebens- und Nachkommenrate als die anderen Bären. Beim nächsten Sex werden zwar die so gut zusammenpassenden Gene wieder auseinandergerissen, weil aber die anderen Gene schneller wegsterben, kommt es immer häufiger zur Kombination dieser drei Gene. Bald haben alle überlebenden Bären genau diese Genkombination in sich. Oder anders gesagt: nur wer die drei Gene in sich trägt, überlebt. Ohne Sex wären alle Braunbären jener Gegend durch den Wetterwechsel ausgestorben. Sex erhöht also deutlich die Wahrscheinlichkeit für eine Spezies, eine Umweltänderung zu überstehen.

Vorteil drei

In dem Beispiel der immer eisbäriger werdenden Braunbären treffen sich mehrere nützliche Mutationen. Was aber passiert, wenn sich in einem Individuum mehrere schlechte Mutationen treffen? Ist das nicht das Todesurteil für die Betroffenen? Kann das gut sein?

Aufgrund ihres langen Lebens erfahren Vielzeller viele Mutationen. Gleichzeitig haben sie oft nur wenige Kinder. Eine Art, die auf Fortpflanzung und Erhalt programmiert ist, kann schlecht alle Kinder mit mutierten Genen sterben lassen, um so die Mutationen zu beseitigen. Die langlebigen Vielzeller entledigen sich der schädlichen Mutationen durch Sex. Sie mischen die Eltern-Gene und verteilen sie nach dem Zufallsprinzip auf die Kinder. Einige wenige Kinder bekommen keine mutierten Gene ab, andere Kinder erhalten einige und ein paar ganz arme Wesen bekommen zufällig viele der zum Schlechten mutierten Gene der

Eltern. Weil diese armen mutationsbeladenen Wesen wegen frühzeitigen Versterbens nicht mehr zur Vermehrung kommen, die mutationsfreien Kinder aber überdurchschnittlich viele überlebende Kinder haben, ist die Zahl der weitergegebenen schlechten Mutationen kleiner, als wenn sich die Eltern asexuell geklont hätten. So wird durch Sex und dem daraus folgenden Tod einiger Kinder der Genpool aufgebessert. Und schon wieder stehen Sex und Tod in einem Satz.

Sex macht also viel Mühe und Arbeit und manchmal auch Spaß, ist riskant, hat aber drei Vorteile:
- Parasitenabwehr
- Kombination günstiger Mutationen
- Verminderung ungünstiger Mutationen

Was nun tun?

Was ist besser: sexuell oder asexuell? Wild und leidenschaftlich oder keusch und brav? Das hängt wie immer ganz von den Umständen ab. Mal ist die eine Art der Fortpflanzung besser, mal eine andere. Oder beides abwechselnd oder sogar gleichzeitig. Hier ein paar Beispiele.

Parasiten

Leben Sie an einem Ort, wo schon all Ihre Vorfahren gelebt haben, dann wird es dort auch viele Parasiten geben, die sich auf Ihre Art spezialisiert haben. Dann ist Sex nötig.

Landen Sie auf einer einsamen Insel, auf der bisher noch niemand Ihrer Art gelebt hat, dann wird es dort auch keine auf Sie spezialisierten Parasiten geben. Dann können Sie getrost auf Sex verzichten und sich asexuell vermehren. Das trifft sich auch ganz gut, denn auf der Insel finden Sie ja keinen Geschlechtspartner.

Neuseeländische Wasserschnecken und mexikanische Jungfernkärpflinge machen das so oder ganz ähnlich: Sie können sich wahlweise sexuell oder jungfräulich vermehren. Leben sie in

sen, die in einigem Abstand neue Wurzeln und Halme bilden. Dann plötzlich, je nach Art alle zwölf bis 120 Jahre, blühen alle Bambuspflanzen eines Landstrichs gleichzeitig, bilden Samen und sterben. Und weil es in der Zeit bis zum Aufkeimen der Samen keine Bambuspflanzen gibt, sterben auch viele Bambus-Parasiten und Pflanzenfresser, die sich auf Bambus spezialisiert haben. Die Pandas trifft das zum Beispiel sehr hart.

Anders als bei den Blattläusen, die es im Prinzip genauso machen – erst lange asexuell, dann einmal Sex plus Eierlegen plus Sterben –, kommt der Bambus-Tod für die anderen Tiere überraschend. Die Marienkäfer konnten sich gut an den einjährigen Blattlauszyklus anpassen. Aber welches Tier, welcher Einzeller ist in der Lage, sich an einen 120-jährigen Rhythmus anzupassen? Durch den harten Sex-und-Tod-Schnitt, der viele Parasiten mit in den Tod reißt, kann sich der Bambus wieder eine längere – für alle Pflanzen seiner Art gleich lange – sexfreie Zeit leisten.

Wann also Sex? Schon vor dem Frühstück? Nur bei Sonnenschein? Oder lieber gar nicht?

Wie wir gesehen haben, gibt es hierfür eine einfache klare Antwort: »Je nachdem«.

Unser erster Sex
Wann? Mit wem? War's schön?

Wir haben die Vor- und Nachteile der Sexualität besprochen – und Sie wissen jetzt: Es gibt einige gute Gründe, Sex zu haben.

Es gibt auch einige gute Gründe, einen Computer zu haben. Man kann mit einem Computer Liebesbriefe schreiben, die Fotos von dem oder der Angebeteten speichern und sich bei Bedarf im Internet schöne nackte Menschen ansehen. Alles Vorteile. Das bedeutet aber nicht, dass die Computer genau dafür entwickelt wurden.

Deshalb also die Frage: Wie ist das Leben, das bis dahin ohne Sex auskam, auf die witzige Idee gekommen, zwei Individuen zum Genvermischen zusammenkommen zu lassen?

Waren es die Bakterien?

Fangen wir bei den Bakterien an. Haben Bakterien Sex? Bakterien vermehren sich durch Teilung, also ohne Sex. Sie praktizieren aber etwas Interessantes, was manchmal als Bakterien-Sex bezeichnet wird. Das ist die sogenannte Bakterien-Konjugation. Sie kennen die Konjugation von Verben, nun werden Sie die Konjugation von Bakterien kennenlernen. Ich bakteriere, du bakterierst, er/sie/es bakteriert, wir bakterieren ...

Die Bakterien-Konjugation ist eine Verbindung zweier Bakterien zur Genübertragung. Eine Bakterie lässt sich eine lange Röhre, den Pilus, wachsen, mit dem eine andere Bakterie angestochen wird. Dann werden Gene übertragen. Ist das Sex? Um diese Frage zu beantworten, müssen wir fragen: Welche Gene werden dabei übertragen?

Alle lebenswichtigen Gene einer Bakterie liegen auf einem einzigen großen Ring. Bakterien haben keine Chromosomen, sondern nur ganz schlichte Ringe, in dessen Molekülen die Gene, also das Erbgut, verschlüsselt sind. Dieser große Ring nimmt an der Konjugations-Genübertragung nicht teil. Er bleibt brav in der Bakterie. Neben ihm kann es in der Bakterie noch kleine Gen-Ringe geben, die die Bakterie nicht unbedingt braucht. Viele Bakterien kommen gut ohne diese kleinen Gen-Ringe zurecht, denn sie werden für das normale Bakterienleben gar nicht benötigt.

Bei einer Bakterien-Konjugation wird nur die Kopie eines einzigen kleinen Gen-Rings weitergegeben – und das nur in eine Richtung. Immer von einer Bakterie, die einen solchen kleinen Gen-Ring in sich trägt, zu einer Bakterie ohne. Eine Bakterien-Konjugation ist also kein Gen-Mischen, sondern nur eine Genweitergabe durch Gen-Kopieren. Wenn eine Bakterie mit einer anderen Bakterie konjugiert, dann dient das nur der Verbreitung dieser kleinen Gen-Ringe. Sie verbreiten sich dabei ähnlich wie Virengene. Wird eine Bakterie durch Konjugation mit einem neuen kleinen Gen-Ring infiziert, muss die infizierte Bakterie nach der Pfeife dieses neuen Mitbewohners tanzen. Bei einer Vireninfektion würde die infizierte Wirts-Bakterie die Virengene vervielfältigen, Virenhüllen um sie herumbauen und dann platzend sterben, um den Viren den Weg freizugeben. Doch bei der Konjugation ist es anders: Kaum eingezogen, übernimmt der neue Mitbewohner das Kommando: Er überzeugt die infizierte Wirts-Bakterie davon, einen schönen langen spitzen Pilus auszubilden. Mit diesem Pilus muss dann die Bakterie andere Bakterien – egal welcher Art – anbohren und infizieren. Die infizierte Bakterie bleibt nach einer Konjugation am Leben und darf sich auch weiter teilen, anders als bei einer tödlichen Virusinfektion.

Die herumvagabundierenden kleinen Gen-Ringe haben also auch eine freundliche Seite. Sie verbreiten sich zwar wie Parasiten, aber sie schaden ihren Wirten, den Bakterien, üblicherweise nicht. Manchmal sind auf den kleinen Ringen auch nützliche Informationen verschlüsselt, wie zum Beispiel eine Resistenz gegen bestimmte Antibiotika. Dann ist es für die Bakterien sogar von Vorteil, per Konjugation mit so einem kleinen Gen-Ring infiziert worden zu sein. Kleine Gen-Ringe, die nützlich für die Bakterien sind, breiten sich schneller aus als solche, die den Bakterien schaden. Gestärkte, lebende Bakterien geben die kleinen Gen-Ringe öfter weiter als geschwächte, tote Bakterien.

Wie würde eine Mensch-Konjugation verlaufen? Stellen Sie sich eine Gruppe von Jungfrauen vor, die sich durch Jungfrauengeburt vermehren! Eines Tages wird eine dieser Jungfrauen durch eine Zugereiste angestochen und mit neuen Genen infiziert. Die neuen Gene in der infizierten Jungfrau lassen ihr nun etwas Spitzes, Penisartiges wachsen. Und sie entwickelt ebenfalls das Verlangen, andere Jungfrauen zu penetrieren und zu infizieren. Eine Bakterien-Konjugation ist wie ein Vampirbiss. Der Gebissene wird selbst zum Beißenden. Die Gestochene wird selbst zur Stechenden.

Die Bakterien-Konjugation ist also kein Sex, sondern eine meist gutartige Gen-Infektion.

Ganzkörpersex

Wie sieht es aber bei den anderen Einzellern aus? Was machen die anderen Einzeller, die keine Bakterien sind? Was machen die sogenannten eukaryotischen Einzeller, die, anders als die Bakterien, Zellkerne mit Chromosomen haben? Haben diese komplexeren Einzeller Sex, z. B. die Pantoffeltierchen?

Ja, sie tun es. Sie haben Sex. Gelegentlich unterbrechen die eukaryotischen Einzeller ihre asexuelle Zellteilerei und legen eine Runde Sex ein. Wie funktioniert Einzeller-Sex? Wie können die Einzeller Spermien und Eizellen erzeugen, wenn sie doch nur Einzeller sind? Die Einzeller erzeugen keine Keimzellen, sie erledigen deren Job gleich selbst. Zwei Einzeller verschmelzen einfach miteinander. Bei manchen Arten, zum Beispiel den Hefen, verschmelzen die Zellen beim Sex vollständig zu einer einzigen Zelle. Bei anderen Arten, wie den Pantoffeltierchen, verschmelzen die Zellen nur an einer Stelle, durch die dann die Chromosomen in beide Richtungen hindurchwandern. Unsere erotisierten Einzeller bleiben beim Sex ein kleines Weilchen miteinander verschmolzen und spalten sich dann wieder in zwei Zellen auf. Jede Zelle hat nach der Teilung genauso viele Chromosomen wie vor der Verschmelzung, aber die Hälfte ihrer Chromosomen sind nun andere.

Stellen wir uns solchen Sex einmal beim Menschen vor. Angenommen Sie sind schwarzhaarig, schlank, haben eine kleine Nase und kleine Füße. Sie suchen sich einen Geschlechtspartner mit blonden Haaren, leichter Fettleibigkeit, großer Nase und großen Füßen. Ihr Sex wird viel intensiver sein als der Sex, den wir kennen, denn Sie werden wirklich eins mit Ihrem Geschlechtspartner. Sie verschmelzen mit ihm zu einem einzigen Körper. Nach kurzer wollüstiger Körperverschmelzung teilt sich der verschmolzene Körper wieder in zwei einzelne Körper auf. Sie sind nun nicht mehr Sie, sondern jemand anders. Das, was vorher »Sie« waren, ist nun auf zwei Körper aufgeteilt. Einer der beiden Körper wird nach einiger Zeit schwarzhaarig, fettleibig, großnasig und kleinfüßig sein, der andere blond, schlank, kleinnasig und großfüßig.

Wofür soll das gut sein?

Chromosootsfahrt

Damit Sie den Sinn der Chromosomentauscherei zwischen Einzellern besser verstehen, kann ich nur sagen: Denken Sie nicht aus Sicht der Zelle! Die Zelle ist »nur« ein überlebenswichtiges Wohnmobil für die Gene. Sehen Sie die Sache aus Sicht der Gene, die in den Chromosomen sitzen. Richard Dawkins hat in seinem Buch »Das egoistische Gen« den schönen Vergleich mit einer Rudermannschaft gefunden: Eine Zelle mit Chromosomen ist wie ein Ruderboot mit Ruderern. Nur die Ruderer in den schnellen Booten gewinnen eine Medaille, überleben und vermehren sich. Jeder Ruderer, also jedes Chromosom, braucht die anderen Ruderer im Boot. Jeder Ruderer möchte aber mit Weltklasseruderern im Boot sitzen und nicht mit Versagern. Wenn sich das Boot, also die Zelle, nur asexuell durch Teilung vermehrt, hat ein Chromosom keine Chance, einen Stümper im Boot loszuwerden. Das Chromosom ist mit dem Stümper-Chromosom gemeinsam zum Untergang verurteilt.

Wenn es aber die Ruderer so einrichten, dass sie sich ab und zu in andere Boote setzen können, oder ab und zu andere Ruderer ins Boot nehmen, dann spielen sie Lotto mit hohen Gewinnaussichten. Manchmal geraten sie beim Bootswechsel in einen Kahn voller Schnapsnasen und sind für immer verloren, manchmal aber kommen sie in ein Team mit sehr guten Ruderern. Und in diesem guten Team können sie nicht nur überleben, sondern sich auch durch eifrige Boots-Teilung asexuell sehr erfolgreich vermehren, was ihnen mit dem mittelmäßigen Team, in dem sie vorher waren, nie gelungen wäre.

Vor der Erfindung des Sexes hatten die Chromosomen bei der Auswahl ihres Ruderteams so viel Freiheit wie ein angeketteter Galeerensklave – keine. Durch den Sex wurden die Chromosomen zu freischaffenden, mobilen Ruderern, die in wechselnden Teams arbeiten.

Der gelegentliche Tausch der »rudernden« Chromosomen bewirkt nicht nur die Bildung von Spitzenteams. Er verändert auch die Boots(zell)oberfläche und schützt das Boot dadurch vor Parasiten-Angriffen durch Holzwürmer und Schiffsbohrmuscheln. Denn auch Einzeller werden von Bakterien und Viren angegriffen. Sex zur Parasitenabwehr funktionierte schon bei den Einzellern.

Die erste Zell-Kernschmelze

Die eukaryotischen Einzeller, also die mit einem Zellkern, haben mit dem Sex angefangen. Vermutlich wohl vor 1,4 Milliarden Jahren, damals nahm die Formenvielfalt der eukaryotischen Einzeller stark zu. Bei welcher Gelegenheit das erste Mal zwei Einzeller wohl miteinander verschmolzen sind? Sind sie beim faulen Herumliegen ineinandergeflossen? Sind sie sich beim Drängeln an einer Futterstelle zu nahe gekommen? Wollten die verschmelzenden Einzeller einander fressen? Wir wissen es nicht.

Sicher ist: Als die zwei Zellen miteinander verschmolzen waren, hatte die neue Zelle nun doppelte Chromosomen. Bald überkam die Zelle das übliche Einzeller-Bedürfnis, sich mal dringend teilen zu müssen. Weil schon ausreichend Chromosomen in der Zelle waren, wurden sie nicht, wie sonst beim Zellteilen üblich, vorher kopiert, sondern einfach nur auf die beiden neu entstehenden Zellhälften aufgeteilt.

Nachdem die Einzeller einmal mit dem Verschmelz-Teilen bzw. dem Sex angefangen hatten, haben sie es immer wieder getan. Es muss den Genen, die das Verschmelzen möglich machten, gut getan haben, gelegentlich neue Chromosomengesellschaft zu bekommen. Denn die sexuellen Einzeller breiteten sich nun aus. War es beim ersten Mal eine neue günstige Kombination von Eigenschaften, die die verschmelzungsfreudigen Zellen erfolgreicher machten als die anderen Zellen? Oder bot die veränderte Zelloberfläche nun plötzlich einen viel besseren Schutz vor Viren? Oder beides gleichzeitig? Darüber können wir nur spekulieren.

Ganz sicher aber ist, dass die Mutationen, die das Verschmelzen der Einzeller ermöglichten, eine lange, folgenreiche Evolution auslösten, die uns unter anderem Doppelbetten, Liebesromane und Scheidungsrichter bescherte.

Haben Vielmehrzeller viel mehr Sex?

Ist nun unser Vielzeller-Sex mit dem Einzeller-Sex vergleichbar? Passiert bei der tonnenschweren Paarung zweier Elefanten das Gleiche wie beim zarten Verschmelzen zweier Pantoffeltierchen? Schauen wir mal, wie es die Vielzeller anstellen.

Vor ungefähr einer Milliarde Jahren kuschelten einige Einzeller irgendwie, irgendwo, irgendwann so eng miteinander, dass sie nicht mehr voneinander lassen konnten. Aus diesen kuschelwütigen, zusammenklebenden Einzellern wurden zuerst Wohngemeinschaftszeller, dann Sozialenetzwerkzeller, später Vereinszeller und schließlich Vielzeller.

Die frisch entstandenen Vielzeller brauchten den Sex nicht neu zu erfinden. Die Vielzeller hatten ja das Einzeller-Sex-Knowhow millionenfach in sich. Jede ihrer vielen Zellen konnte prinzipiell eine sexuelle verschmelzungswillige Zelle werden. Für Vielzeller-Sex mussten nur einige Zellen den Auftrag bekommen: »Zelle, du bekommst jetzt eine besondere Mission! Werde eine sexuelle Zelle! Löse dich von uns ab und werde wieder Einzeller! Schwimme herum und such dir eine andere nette sexuelle Zelle zum Verschmelzen! Und sieh zu, dass ihr dann zu einem guten Vielzeller heranwachst! Und Abmarsch!«

Man könnte jetzt behaupten, dass Vielzeller gar keinen Sex hätten. Denn den eigentlichen Sex, die Zellverschmelzung, erledigen ja die einzelligen Wesen, die sich von uns Vielzellern für den Sex abspalten und auf Reisen gehen. Wenn sich in einem menschlichen Eileiter eine Eizelle und ein Spermium vereinigen, dann vereinigen sich dort zwei mobile Einzeller.

Wir wollen aber nicht zu pingelig sein. Der von den Vielzellern in Auftrag gegebene Einzeller-Sex muss gründlich vorbereitet werden. Die Verschmelzungs-Einzeller müssen erst mühevoll erzeugt werden. Seien wir also mal großzügig! Weil die beiden verliebten Vielzeller ihre Verschmelzungs-Einzeller so gut gebaut und für die Reise so hoch motiviert haben, gestehen wir den beiden Vielzellern zu, doch am Sex teilgenommen zu haben.

Sie werden jetzt sicher einwenden wollen: »Viele weibliche Keimzellen gehen aber gar nicht auf Reisen, sondern bleiben bei ihrem fürsorglichen Vielzeller. Die weiblichen Keimzellen in Blüten bewegen sich überhaupt nicht beim Sex«. Nun, das ist heute so. Damals, als die Vielzeller noch neu und exotisch waren, sind alle Keimzellen auf Wanderschaft gegangen, ohne Unterschied. Denn es gab noch keinen Unterschied. Es gab kein »weiblich« und kein »männlich«. Der kleine Unterschied entstand erst später. Wie, das erfahren Sie jetzt.

Über Erbgutes und Geschlechtes
Die Entstehung der Geschlechter

Tauchen Sie gedanklich auf den Grund des urzeitlichen Meeres! Halten Sie Ausschau nach schlabbrigen urtümlichen Vielzellern! Suchen Sie in den noch fisch- und quallenlosen Weiten des Meeres nach Ur-Schwämmen. Wenn Sie sie finden, dann nehmen Sie sich etwas Zeit und schauen Sie den Ur-Schwämmen beim eingeschlechtlichen Sex zu! *(FSK: ab 0 freigegeben)*

Mein lieber Schwamm!

Die erspähten Ur-Schwämme sehen aus wie schmutzige Vasen. Schwämme haben keine Organe. Sie bestehen aus nur drei verschiedenen Zelltypen und kleben am Meeresgrund fest. Mit kleinen Geißeln strudeln die Schwämme Meerwasser durch ihre inneren Hohlräume hindurch und filtern Fressbares aus dem Wasser heraus.

Die Ur-Schwämme sind schon sexuelle Wesen, noch ohne Romantik und Pornographie, aber eben schon sexuell. Weil es unter ihnen keine Geschlechter gibt, machen alle Ur-Schwämme das Gleiche. Sie lassen sich Keimzellen für den großen Tag des Sexes wachsen. Durch chemische Abstimmung oder durch Orientierung am Sonnenstand wissen alle schwammigen Vielzeller ihrer Art, wann es soweit ist. Die Schwämme sind schon ganz aufgeregt – so aufgeregt wie Lebewesen ohne Nervensystem eben sein können. Dann kommt der Tag der Tage und alle Schwämme geben ihre Keimzellen ins Meer.

Nun treiben die mühsam erzeugten Keimzellen im Meer umher und viele von ihnen werden gefressen. Einigen jedoch ist das Glück hold und sie treffen auf eine andere Keimzelle. Dann verschmelzen die beiden miteinander, und ein neuer Vielzeller entsteht. Der frisch gezeugte Vielzeller ist aber noch gar kein richtiger Vielzeller. Er besteht aus zwei miteinander verschmolzenen Zellen und ist noch ein Einzeller. Ein Einzeller, der durch fleißiges Zellteilen erst Vielzeller werden will. Dafür braucht er Futter. Das Futter bekommt er von seinen Eltern. Wie soll das gehen? Die Eltern kleben am Meeresgrund fest, während unser frisch gezeugter zukünftiger Vielzeller irgendwo im Meer umhertreibt. Nun, seine besorgten Eltern haben ihm reichlich Proviant mitgegeben. Die beiden Keimzellen, die miteinander verschmolzen und ihn so erschufen, waren prall gefüllt mit Nährstoffen. Derart wohlgerüstet, kann unser zukünftiger Vielzeller gut gedeihen. Mit den vielen Vorräten kann er schnell das gefährliche, hilflose Wenigzeller-Stadium durchwachsen und eine schwimmfähige Larve werden.

Von prallen und schrumpeligen Keimzellen

Die Vielzeller vermehrten sich lange Zeit eingeschlechtlich. Das änderte sich, als eines Tages einer unserer liebenswerten meeresgrundbewohnenden Vielzeller nicht mehr richtig tickte. Er hatte einen zufälligen genetischen Schaden bekommen, eine Mutation. Die Mutation machte es diesem Vielzeller nun unmöglich, schöne prall gefüllte Keimzellen zu erzeugen. So sehr er sich auch bemühte, seine Keimzellen waren ohne jeden Vorrat. Weil der mutierte Vielzeller für die Herstellung solcher Schrumpel-Keimzellen nur sehr wenige Nährstoffe brauchte, konnte er sehr viele solch verunglückte Keimzellen erzeugen. Was er dann auch eifrig tat. Als nun alle Vielzeller seiner Art ihre wohlgefüllten Keimzellen ins Meer gaben, schickte auch unser mutierter Vielzeller seine vielen vorratslosen Schrumpel-Keimzellen mit auf die Reise.

Wie erging es den missratenen Keimzellen am Tag des Sexes? Gefräßiges Getier vertilgte die meisten. Weil aber unser mutierter Vielzeller ungewöhnlich viele Keimzellen ins Meer entließ, überlebten sehr viele seiner Schrumpel-Keimzellen. Wenn diese nun mit normalen Keimzellen verschmolzen, dann war das für die normalen Keimzellen ein tragischer Unglücksfall. Die bei solchen Vereinigungen entstandenen Zellen hatten ja nur die Hälfte des Proviants mitbekommen. Die sich daraus entwickelnden Vielzeller wuchsen schlechter und starben eher als jene Glückspilze, die aus zwei prall gefüllten Keimzellen entstanden waren. Weil aber unser mutierter Vielzeller so viele seiner Billig-Keimzellen produziert hatte, erzeugte er trotz der höheren Sterberate mehr überlebende Nachkommen als jeder seiner nicht mutierten Artgenossen. Und die vielen Nachkommen des mutierten Ur-Schwamms erzeugten auch wieder viele Schrumpel-Keimzellen.

In jeder neuen Generation gab es nun mehr Schrumpel-Keimzellen-Erzeuger als in der vorherigen. Schließlich waren irgendwann die Hälfte aller Ur-Schwämme Schrumpel-Keimzellen-Erzeuger. Mehr ging nicht, weil ja alle Ur-Schwämme von mindestens einer prallen Keimzelle abstammen müssen. So hatte sich das Verhältnis Halbe/Halbe eingestellt.

Pralle Keimzellen: weiblich; Schrumpel-Keimzellen: männlich. Nun war es vorbei mit Unisex. Nun gab es Geschlechter.

Das männliche Geschlecht entstand, weil es sich lohnen kann, Quantität statt Qualität abzuliefern. Dieser Weg zur Geschlechterentstehung ist ein Beispiel dafür, dass sich nicht immer diejenigen Gene innerhalb einer Art durchsetzen, die für die Arterhaltung am besten geeignet sind. Es breiten sich innerhalb einer Art genau diejenigen Gene aus, die sich – warum auch immer – besser als die Konkurrenz-Gene ausbreiten können. Das klingt nicht sehr tiefschürfend: »Gene, die sich gut ausbreiten können, breiten sich aus.« Das ist aber eine wichtige Erkenntnis der Evolutionsbiologie. Gene, die aus irgendeinem noch so abwegigen Grund öfter weitergegeben werden als andere Gene, verdrängen die anderen Gene und sind bald das häufigste Gen im Genpool der Art. Das muss nicht immer gut für die Art sein. Dieser Effekt, dass sich die Gene entsprechend kurzfristiger Vorteile verbreiten und dabei nicht an den Arterhalt »denken«, ist bekannt als »das egoistische Gen«. Das Gen für Schrumpel-Keimzellen breitete sich aus, obwohl dadurch schwächerer Nachwuchs entstand – nur weil die Vermehrungsrate dieses Gens höher war als die der anderen Gene. Und die Vermehrungsrate war nicht höher, weil der Nachwuchs besser überlebte, sondern weil sich dieses Gen zusätzlichen Nachwuchs auf Kosten seiner Konkurrenz-Gene ertrickste.

Durch den viel schwächeren Nachwuchs war nun die gesamte Art gefährdet. Mutationen des Pralle-Keimzellen-Gens, die die prallen Keimzellen noch größer werden ließen, erhöhten wieder die Überlebensrate des Nachwuchses. Das vergrößerte den Größenunterschied zwischen den beiden Keimzelltypen immer weiter. Beim Menschen zum Beispiel ist der Kopf der männlichen Spermazelle nur 0,003 mm groß. Eine weibliche Keimzelle misst 0,2 mm. Damit hat sie das 300 000-fache Volumen einer männlichen Keimzelle.

Das Erscheinen unseres mutierten Schrumpel-Keimzellen-Viel-zellers auf der Evolutionsbühne war sicher nicht so plötzlich wie beschrieben. Die Herausbildung kleiner Keimzellen kann auch ein allmählicher Vorgang gewesen sein. Ein Teil der Vielzeller sorgt für immer mehr und kleinere Keimzellen, der andere Teil erzeugt immer weniger größere Keimzellen. Aber was ist in den Abermillionen verflossener Jahre schon »plötzlich« und was »all-mählich«?

Von netten, symbiotischen Bakterien

Es gibt noch eine andere Hypothese zur Entstehung der Ge-schlechter. Um diese Geschichte zu verstehen, müssen wir noch viel weiter zurück in die Vergangenheit. In eine Zeit, in der es noch keine Vielzeller gab. Alles Leben war einzellig. Einzellig, aber nicht eintönig, denn es gab und gibt drei verschiedene Gruppen von Einzellern.

Die erste Gruppe sind die Archaeen. Sie sind dafür bekannt, dass sie auch unter extremen Bedingungen leben können, wie zum Beispiel in heißen Schwefelquellen oder in Salzlaken.

Die zweite Gruppe sind die Bakterien. Die Bakterien sind wie die Archaeen sehr einfach aufgebaut. Sie besitzen keinen Zellkern und keine Chromosomen. Ihre Erbinformationen sind auf gro-ßen und kleinen Gen-Ringen verschlüsselt.

Die dritte Einzeller-Gruppe sind die Eukaryoten, die uns schon im letzten Kapitel begegnet sind. Das Wort »Eukaryot« ist griechisch und bedeutet »echt kernhaltig« oder vielleicht auch »echt kernig«. Amöben, einzellige Algen, Hefezellen und Pantof-feltierchen sind typische Eukaryoten-Einzeller. Eukaryoten-Ein-zeller sind im Vergleich zu den Bakterien wesentlich größer und viel komplexer aufgebaut. Die Eukaryoten besitzen, wie schon erwähnt, einen Zellkern mit Chromosomen darin. Und alle Viel-zeller haben sich aus Eukaryoten-Einzellern entwickelt.

Man teilt also alle Lebewesen in drei Gruppen: Archaeen, Bak-terien und Eukaryoten (Einzeller und Vielzeller).

Eines Morgens machte sich ein hungriger Eukaryoten-Einzeller auf, ein Frühstück einzunehmen. Das verlief folgendermaßen: Der Eukaryoten-Einzeller kroch herum und suchte eine leckere Bakterie. Als eine Bakterie gefunden war, umschlang er sie amöbenartig und beförderte sie in sein Zellinneres. Dann lehnte sich der Eukaryoten-Einzeller gemütlich zurück und verdaute die Bakterie.

Mehrmals ist es nun vorgekommen, dass eine hungrige Eukaryoten-Zelle eine Bakterie verschluckte, die unverdaulich war. Die Bakterie ließ sich nicht aufbrechen. Sie war zu zäh. Nun hatte die Eukaryoten-Zelle eine Verdauungsstörung. Sie konnte die unverdauliche Bakterie wieder ausspeien. Doch manchmal tat sie dies nicht. Manchmal überlebte eine unverdauliche Bakterie im Inneren der Eukaryoten-Zelle. Und einige Male war dies für beide, für die Eukaryoten-Zelle und die Bakterie von Vorteil. Einige der verschluckten Bakterien hatten Fähigkeiten, die den Eukaryoten sehr gelegen kamen. Diese Bakterien waren die blaugrünen Cyanobakterien. Sie können aus Sonnenlicht, Wasser und Kohlendioxid mittels Fotosynthese Fressbares machen. Sie müssen nicht herumkriechen und Futter suchen, sondern können sich einfach in die Sonne legen und davon satt werden. Hatten Eukaryoten-Zellen die unverdaulichen Cyanobakterien verschluckt, dann lebten sie fortan in Symbiose miteinander: Die geschluckten Cyanobakterien kümmerten sich beim Sonnen um das Futter. Die Eukaryoten-Zellen wiederum sorgten für ein behagliches Wellness-Klima, in dem sich die Bakterien wohlfühlen konnten. Die Bakterien richteten sich so in den Zellen ein, dass sie zu einem festen Bestandteil der Zellen wurden. Die Cyanobakterien wurden zu den grünen Chloroplasten in den Pflanzenzellen. Wenn Sie das Grün der Wälder bestaunen, dann bestaunen Sie das Grün der Cyanobakterien in den Blätterzellen. Ohne verschluckte und eingenistete Cyanobakterien würde es keine Pflanzen geben.

Die Cyanobakterien sind nicht die einzigen symbiotischen Bakterien, die heute in den Eukaryoten wohnen. Schon lange vor den Cyanobakterien hatte sich eine andere Bakterienart in jenen Zellen eingerichtet, die später zu Pflanzen, Tieren und Pilzen wurden. Diese sehr hilfreichen Bakterien nennt man heute Mitochondrien. Sie sind die Kraftwerkeder Zelle.

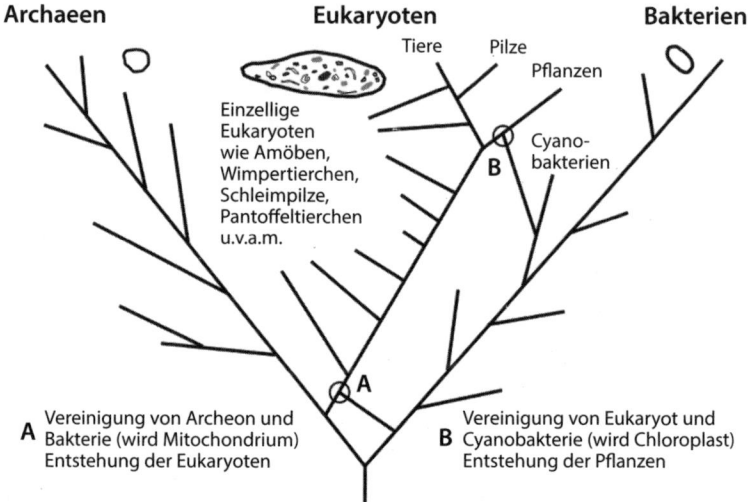

Archaeen   **Eukaryoten**   **Bakterien**

Tiere   Pilze
Pflanzen

Einzellige
Eukaryoten
wie Amöben,   Cyano-
Wimpertierchen,   B   bakterien
Schleimpilze,
Pantoffeltierchen
u.v.a.m.

A

A Vereinigung von Archeon und
Bakterie (wird Mitochondrium)
Entstehung der Eukaryoten

B Vereinigung von Eukaryot und
Cyanobakterie (wird Chloroplast)
Entstehung der Pflanzen

Schematischer Stammbaum der Lebewesen

Die Mitochondrien verdauen Zucker und bereiten daraus einen Super-Energieträger, das Adenosintriphosphat. Ohne Mitochondrien wären wir kraftlose Schlaffis. Wenn Sie diese Buchseite umblättern, dann verbrauchen Ihre Muskelzellen das von den Mitochondrien erzeugte Adenosintriphosphat als Treibstoff.

Wir Menschen stammen also nicht von *einer* Ur-Art ab, sondern von zwei miteinander vereinigten Arten. Die Eukaryoten entstanden durch die Vereinigung eines *Archaeons* mit einer *Bakterie* (die dann zum Mitochondrium wurde).

Und die Pflanzen haben gleich drei Arten als Ahnen. Sie entstanden aus der Vereinigung eines Eukaryoten (*Archeon* + Mitochondrien*bakterie*) mit einer grünen *Cyanobakterie*.

VEREINIGTE ARTEN – wie stolz das klingt. Aber was hat diese Artenvereinigung mit unserem Sexualleben zu tun?

Zu uns nett, aber brutal zu ihresgleichen

Die Mitochondrien und Chloroplasten haben ihr eigenes Erbgut und vermehren sich in klassischer Bakterienmanier durch Teilung. Entfernt man aus einer Eukaryoten-Zelle die Chloroplasten und Mitochondrien, dann wachsen keine neuen nach. Wenn sich eine Eukaryoten-Zelle teilt, dann bekommt jede der beiden neuen Zellhälften ein paar von den in der Zelle herumschwimmenden Mitochondrien bzw. Chloroplasten ab. Und was passiert bei einer Zellverschmelzung? Wenn zwei Keimzellen verschmelzen, dann gelangen die symbiotischen Bakterien beider Eltern in die neue verschmolzene Zelle.

Und hier beginnt das Drama. Das Erbgut der Bakterien aus den beiden Eltern-Keimzellen ist nicht immer völlig identisch. Bakterien haben recht hohe Mutationsraten. Bakterienstämme, die längere Zeit voneinander getrennt in verschieden Eukaryoten-Zellen lebten und nun durch sexuelle Zellverschmelzung aufeinandertreffen, können sich im Erbgut unterscheiden.

Wie »empfinden« es die Bakterien, wenn sie sich den Platz in einer Eukaryoten-Zelle mit anderen, genetisch nicht identischen Bakterien teilen müssen? »Endlich mal Abwechslung«, »Nette Gesellschaft«, »Neue Freunde«? Nein. Der einzige »Gedanke« ist: »Konkurrenz!« Für nichtsexuelle Wesen sind alle genetisch nicht völlig gleichartigen Artgenossen Konkurrenz.

Was kann eine Bakterie im Inneren einer Eukaryoten-Zelle tun, um sicher in die nächste Eukaryoten-Generation weitergegeben zu werden? Was kann eine Bakterie tun, um die Weitergabe der Konkurrenz-Bakterie zu verhindern?

Mord!

Mord ist eine erfolgreiche Methode. Das Erbgut derjenigen Bakterie, die alle Konkurrenz-Bakterien umbringt, wird weitergegeben.

Die anderen sterben aus. Bald befinden sich in allen Eukaryoten-Zellen nur noch symbiotische Bakterien, die ihre Konkurrenz töten wollen. Und so werden aus den eben noch so sanften Begleitern erbarmungslose Killer. Wenn beim Sex zwei Zellen verschmelzen, in denen Bakterien mit mörderischem Erbgut leben, dann gibt es erst einmal ein Gemetzel. Nur einer der beiden Bakterientypen überlebt.

Das Gemetzel richtet viel Schaden an. Eine Zelle braucht aber funktionsfähige Chloroplasten und Mitochondrien – also funktionsfähige Bakterien. Da hat die frisch verschmolzene Eukaryoten-Zelle keinen Bedarf an schweren Bakteriengefechten in ihrem Inneren.

Und nun kommt wieder unser mutierter Vielzeller ins Spiel. Jener Vielzeller, der zu faul ist, ordentliche nährstoffbeladene Keimzellen zu erzeugen. Jener, der die Arbeit der Keimzellen-Befüllung mit Nährstoffen auf die anderen abwälzt und der stattdessen unzählige Billig-Keimzellen ins Meer setzt. Dieser Halunke wird zum Retter der Vielzeller. Das, was eben noch faules, ja geradezu parasitäres Machogehabe war, wird zur Lösung des Problems der kämpfenden und mordenden Bakterien.

Denn wenn eine der beiden miteinander verschmelzenden Keimzellen eine Schrumpel-Keimzelle ist, dann bleibt es nach der Vereinigung im Zellinneren friedlich. Die Schrumpel-Keimzellen bringen nur ganz wenige Bakterien mit. Und die werden schnell und ohne Aufwand getötet. Das große Gemetzel wird vermieden. Die so gezeugten Vielzeller haben viel bessere Wachstumsbedingungen als jene, in denen erst noch eine brutale Schlacht stattfinden muss. Das Gen für Schrumpel-Keimzellen sorgt so für eine höhere Überlebensrate und macht den Mangel an mitgebrachten Nährstoffen wieder wett. So hat sich die Zweigeschlechtlichkeit bei Tieren und Pflanzen durchgesetzt.

Beim Sex der Einzeller kann man den Kampf der symbiotischen Bakterien noch beobachten. Bei der einzelligen Alge Chlamydomonas findet nach der Zellverschmelzung ein Kampf der

Chloroplasten statt, bei dem 99 Prozent aller Chloroplasten getötet werden, bis nur noch ein Chloroplastentyp übrig bleibt.

Die Schrumpel-Keimzellen der Vielzeller wurden im Laufe der Evolution noch weiter optimiert, um die Kämpfe der netten, symbiotischen Bakterien ganz zu vermeiden. Die kleinen Keimzellen der Tiere, die Spermien, und die der Pflanzen, die Pollen, verschmelzen nicht mehr vollständig mit den Eizellen. Sie übergeben nur noch ihre Zellkerne an die großen weiblichen Keimzellen. Die Mitochondrien bleiben dadurch bei der sexuellen Vereinigung draußen, außerhalb der weiblichen Keimzelle. Dort sterben sie und sorgen so nicht mehr für Unruhe in der Eizelle.

Weil unsere allerbesten Freunde, die Mitochondrien und Chloroplasten, nicht mit ihresgleichen auskamen, haben wir nun zwei Geschlechter, die sich auch nicht immer vertragen.

Von unangenehmen, parasitischen Bakterien

Es gibt parasitische Bakterien, die sich in Eukaryoten-Zellen einnisten, um sich durchzufressen. Diese Bakterien fressen immer nur so viel, dass die Eukaryoten-Zelle noch am Leben bleibt (intrazelluläre Endoparasiten). Denn nur lebende Eukaryoten-Zellen bieten dauerhaften Service. Die parasitischen Bakterien wohnen im Hotel, genießen den ganzen Luxus, bezahlen aber nicht.

Wohnen die parasitischen Bakterien in einem weiblichen Vielzeller, dann wohnen sie auch in dessen weiblichen Keimzellen. Dort warten die Bakterien auf den Sex ihres Hotels. War der Sex erfolgreich und ein neuer Vielzeller entsteht, dann wohnen sie auch gleich in diesem. Wird der neue Vielzeller aber ein Sohn, dann ist dort Schluss für sie. Die parasitischen Bakterien sind in einer evolutionären Sackgasse gelandet. Die männlichen Schrumpel-Keimzellen bieten keinen Platz für blinde parasitische Passagiere. Parasitische Bakterien, die in Männern leben, können nicht auf die Kinder des Mannes übertragen werden. Die Männer schützen so ihren Nachwuchs vor den eigenen Infektionen.

Es gibt also zwei sexuelle Strategien. Die männliche und die weibliche Strategie. Das bedeutet jedoch nicht automatisch, dass es Männchen und Weibchen geben muss. Die geschlechtlichen Wesen können ja auch Zwitter sein. Viele geschlechtliche Arten sind Zwitter, besonders bei den Pflanzen. Bei den Tieren hingegen gibt es nur wenige Zwitter-Arten. Wie kommt das?

Heute schon gezwittert?
Die Trennung von Mann und Frau

Treffen wir uns einmal jährlich zum Sex im Schwimmbad? Steigen wir dort gemeinsam ins Wasser, um ins Wasser zu ejakulieren bzw. die Eizellen ins Wasser zu geben? Schauen wir dann später den Menschenlarven im Becken beim Wachsen zu?
Wir machen es anders. Aber warum? Und was hat das mit den Zwittern und den Ungezwittern zu tun?

Doppelt gemoppelt gibt doppelte Moppel

Wenn beim Schwamm-Sex die Hälfte des herumschwimmenden Spermas von irgendwem weggefressen wird, ist das nicht weiter tragisch, es ist ja genug da. Um die wenigen, mühevoll erzeugten, voll beladenen Eizellen wäre es jedoch schade. Die heute lebenden Schwämme zum Beispiel stoßen ihre Eizellen beim Sex nicht mehr einfach ins Meer hinaus. Die modernen Schwämme behalten ihre Eizellen im Inneren und warten auf vorbeischwimmende Spermien. Die Schwämme strudeln ständig Meerwasser durch sich hindurch und so kann eine im Schwamm festsitzende Eizelle ohne Mühe von einem durchgestrudelten Sperma getroffen werden. Die befruchteten Eizellen teilen sich dann und entwickeln sich im Schwamm zu schwimmfähigen Larven, die später ins Meer entlassen werden. Aus dem Schwamm schwammen Schwamm-Larven hinaus. Wenn alles gut läuft für die Schwamm-Larve, dann sucht sie sich eine feste Stelle am Meeresgrund, heftet sich dort fest und wird zu einem wohlgesitteten Schwamm.

Die Larven sind eine leckere Beute. Weil die Larven aber schon einige Millimeter groß sind, haben sie einigermaßen gute Überlebenschancen. Denn für viele kleine Räuber und Wasser-Durchfilterer wie Muscheln und Schwämme sind einige Millimeter schon zu groß zum Verschlingen.

Und wo bleiben die Zwitter?

Betrachten wir mal ein Schwamm-Männchen. Für einen männlichen Schwamm ist die Zeit vor dem Sex harte Arbeit. Sperma, Sperma, Sperma und immer wieder Sperma. Nur wenn er mindestens so viel Sperma produziert wie die anderen Schwämme, kann er seine Gene weitergeben. Besser ist es, noch mehr Sperma als die anderen zu produzieren. Das viele, mühsam erzeugte Sperma wird dann am Tag des Sexes in die Weiten des Meeres hinausgepumpt. Was aber ist nach dem Sex? Erst mal ein Bier? Es ist dann ja noch etwas Zeit bis zum nächsten Sex. Wohin mit all der überschüssigen, nun nicht für die Spermabildung benötigten Energie? Mann könnte sich doch ein paar weibliche Eizellen wachsen lassen. Die Eizellen müssen anfangs ja nicht groß und voll beladen sein. Das Füllen und Wachsenlassen kommt ja erst nach dem Sex. Von der Mutter hat das Schwamm-Männchen ja auch die Gene für weibliche Geschlechtsorgane geerbt. Wenn er nun das Ablesen dieser Gene nicht wie bisher unterdrückt, sondern die weiblichen Geschlechtsorgane ausbilden lässt, dann hat er männliche und weibliche Geschlechtsorgane. Vor dem Sex wird fast alle Energie in Spermien investiert. Nur ein paar winzige weibliche Eizellen werden angelegt. Beim Sex werden die eigenen Spermien entlassen und einige Spermien anderer Schwämme beim Strudeln aufgesammelt. Nach dem Sex wird dann alle Mühe in die Aufzucht der Larven gesteckt.

Da der Schwamm nun beide Geschlechtsteile hat, ist er ein Zwitter.

Wenn Ihnen die Bezeichnung »Zwitter« zu schlicht ist, dürfen Sie auch »Hermaphrodit« zu ihm sagen. Was bedeutet Hermaphrodit? Hermaphroditos war ein Sohn Hermes, des Götterboten, und Aphrodites, der Göttin der Liebe. Und weil er von seinen Eltern gute Göttergene mitbekommen hatte, sah er auch ganz prächtig aus. Als er in einem See badete, umschlang ihn die liebestolle Nymphe Salmakis so heftig, dass die beiden verschmolzen. Die beiden verschmolzen beim Sex so vollständig miteinander, wie das sonst nur die eukaryotischen Einzeller können. Während sich aber die verschmolzenen Einzeller üblicherweise bald wieder teilen, fand bei Salmakis und Hermaphroditos keine Götterteilung mehr statt. So waren sie nun ein Körper mit zwei Geschlechtern.

Unser zwittriger, sprich hermaphroditischer Schwamm ist nun auch nicht mehr »Er«. Ist Schwamm nun ein »Es«? Nein, »Es« passt auch nicht wirklich, denn »Es« bedeutet Neutrum – ohne Geschlecht. Wie wäre es mit »Herma«? Herma tut dies, herma tut das. Ich, du, herma/er/sie/es, wir, ihr, sie.

Dadurch, dass der männliche Aufwand und der weibliche Aufwand zu verschiedenen Zeiten anfallen, ist es für die Schwämme vorteilhaft, Hermaphrodit zu sein. Bei den Pflanzen ist es auch so. Vor dem Sex werden viele Pollen erzeugt und nach dem Sex Samen. Blütenpflanzen erledigen praktischerweise mit nur einer Blüte gleichzeitig den Bienenwerbeaufwand für ihre männlichen und für ihre weiblichen Geschlechtsteile.

Nun, die Schwämme sind Hermaphroditen, die meisten Pflanzen sind Hermaphroditen, wir aber nicht, zumindest die meisten von uns. Warum müssen sich die meisten Menschen damit begnügen, nur männlich oder nur weiblich zu sein? Hermaphrodit zu sein wäre doch ganz nett im Bett. Erst bist du der Mann und ich die

Frau, dann umgekehrt, und weil wir beide gelenkig sind, bekommen wir es auch gleichzeitig hin. Es bräuchte in den Kaufhäusern keine zwei Textilabteilungen und keine zwei Toiletten zu geben. Das Allerbeste wäre aber, dass herma den besten Freund/die beste Freundin heiraten könnte und sich nicht mit den Wunderlichkeiten eines anderen Geschlechts herumplagen müsste. Warum sind die meisten Tiere keine Zwitter?

Husch und weg

Bei den Tieren wurden das Weibliche und das Männliche durch die Mobilität auseinandergerissen. Ein Apfelbaum, der sich unbedingt mit dem prächtigen Apfelbaum am anderen Ende des großen Gartens paaren will, kann die Bienen so viel bitten wie er will, die Bienen werden seine Pollen nur auf die umliegenden Bäume verteilen. Nur wenn er sehr viele Bienen anlockt und sie mit sehr vielen Pollen bepudert, kommen vielleicht einige wenige Pollen zum begehrten prächtigen Baum am anderen Ende des Gartens.

Stellen wir uns nun eine Zwitter-Maus vor. Eine Zwitter-Maus kann sich einfach an einen begehrten Partner »heranmachen«. Bei der Maus-Paarung gibt es dann auch keine Streuverluste, ein paar Spermien reichen. Für die männliche Seite der Zwitter-Mäuse ist die Sache recht bequem zu erledigen. Die so bei der Spermaerzeugung gesparte Energie kann nun in die Schwangerschaft der weiblichen Seite und in die Jungenaufzucht gesteckt werden. Was aber, wenn die Zwitter-Maus aus irgendeinem Grund nach dem Sex nicht schwanger wird? Was, wenn die Maus dann gleich zur nächsten Maus läuft, um auch diese zu schwängern? So eine Maus mit weiblicher Unfruchtbarkeit hat viel Zeit und Gelegenheit, ihre männliche Seite auszuleben, viele Mäuse zu schwängern und sehr viel Nachwuchs zu zeugen. Weil dieser Nachwuchs nun die gleichen Gepflogenheiten hat wie der Vater, breiten sich die Gene für weibliche Unfruchtbarkeit schnell aus. Bald ist die Hälfte aller Mäuse männlich. Die verbleibenden Zwitter-Mäuse werden von den Männchen umlagert. Die männlichen Geschlechtsteile der Zwitter-Mäuse finden nun kaum noch andere Zwitter zur Paarung, denn die wenigen noch vorhandenen Zwitter werden alle von den Männchen in Anspruch genommen. Die männlichen Geschlechtsteile sind nun für die Zwitter nutzlos und bilden sich nach und nach zurück. Aus den übrig gebliebenen Zwittern werden so Weibchen.

Es gibt also Mäuse-Männchen und Mäuse-Weibchen, weil die Mäuse nicht am Boden festgewachsen sind, sondern umherlaufen können. Weil die Mäuse flink sind, kann sich das eine Geschlecht mit wenig Mühe auf Kosten des anderen Geschlechts ausbreiten. Das führt dann zur Trennung der Geschlechter, denn es ist attraktiv, nur das bequeme Geschlecht auszubilden. Nur die Tierarten, bei denen die Lasten der Vermehrung und Brutpflege einigermaßen gleichmäßig auf beide Geschlechter verteilt sind, bleiben Hermaphroditen.

Schneckt es dir?

Ein Beispiel für Tiere, bei denen das Zwitter-/Hermaphroditsein noch funktioniert, sind die Lungenschnecken. Bekannte Lungenschnecken sind die Weinbergschnecken und verschiedene Nacktschnecken.

Wenn eine paarungswillige Schnecke eine andere paarungswillige Schnecke trifft, befühlen und betasten sie sich. Sie schmiegen sich aneinander und einige Nacktschnecken schlingen sich gar spiralig umeinander. Viele Arten stechen beim Vorspiel harte, spitze Liebespfeile in das Fleisch des Partners hinein. Irgendwann fahren die Schnecken die seitlich am Kopf liegenden Penisse aus und führen sie gleichzeitig in die Geschlechtsöffnung der anderen Schnecke ein. Dann lassen sie jeweils ein Spermapaket hinüberwandern.

Die Schnecken verlieren ganz schnell die Lust am Sex, wenn die Partnerschnecke kein Spermapaket hinübergleiten lässt. Wieso das? Zwitter-Mäusen käme es doch recht gelegen, kein Sperma zu bekommen. Sie würden nicht schwanger und hätten mehr Zeit für Sex. Was ist bei den Schnecken anders als bei den Mäusen? Bei den Mäusen genügt ein winziger Tropfen Sperma für eine vielköpfige Kinderschar. Die Schnecken aber wollen große Portionen Sperma haben. Schnecken geben nur dann Sperma an ihren Schnexualpartner ab, wenn auch der Schnexualpartner willig ist, viel Sperma zu überreichen.

Wofür brauchen Schnecken so viel Sperma? Schnecken finden Sperma lecker. Zu den weiblichen Geschlechtsteilen gehört eine Kammer, in der das Spermienpaket verdaut wird. Nur ganz wenige Spermien können aus der Verdauungskammer entkommen.

Um die Überlebensrate der Spermien zu erhöhen, kommen beim Vorspiel die Liebespfeile – die eigentlich Messer oder Spieße sind – zur Anwendung. Sie enthalten Hormone, die in der Vaginalmuskulatur der gestochenen Schnecke wellenförmige Transportbewegungen auslösen. Ähnlich wie beim weiblichen Orgasmus erhöhen sich dadurch die Chancen der Spermien, zu überleben und es bis zu einer weiblichen Eizelle zu schaffen.

Ein menschlicher Single-Mann lässt sich recht schnell zu einem Date in Bettnähe überreden. Wenn das Date aber in einem teuren Restaurant stattfinden soll, dann nimmt er vielleicht nicht mehr jede Einladung an. Wenn er nun – wie bei den Schnecken – eine große Frühlingsrolle, gefüllt mit selbst erzeugtem Sperma, zum Date mitbringen soll, dann überlegt er sich recht gut, für wen er die wochenlange Mühe des Befüllens auf sich nimmt. Und wenn nun unser Single-Mann kein Single-Mann ist, sondern ein Single-Hermaphrodit, dann gibt er (herma) die Frühlingsrolle nicht gleich her. Herma schiebt nur dann eine Frühlingsrolle in den Partner hinein, wenn auch herma mit einer leckeren Frühlingsrolle gefüttert wird. Sex und gegenseitiges Füttern sind bei den Lungenschnecken eins – Esssex. Und bei all der Mühe ist überhaupt nicht sicher, ob sich der ganze Frühlingsrollen-Esssex-Aufwand überhaupt lohnt, denn im Eileiter des Partners lauern schon viele Spermien aus vielen Frühlingsrollen von vielen anderen Schnecken auf ihre Chance.

Wegen dieses hohen Aufwands ist bei den Lungenschnecken die männliche Seite die umworbene Seite. Stellen Sie sich vor, Männer würden große Portionen leckeren Vanilleeises ejakulieren. Dann wären die Männer doch viel begehrenswerter als sie es jetzt sind.

Bei der kalifornischen Bananenschnecke *Ariolimax dolichophallus* gibt es eine interessante Facette der Paarung. Bei etwa fünf Prozent der Paarungen wird am Schluss mittels starker Vaginalmuskulatur die Penisspitze festgehalten und »abgebissen«. Mal gegenseitig, mal nur einseitig. So wird Vaginalverkehr zum Schnappinalverkehr. Die gekürzte Schnecke hat nun keinen Sex mehr mit anderen Schnecken, denn sie kann kein begehrtes Sperma mehr abgeben. Die Spermien der zuschnappenden Schnecke bekommen dadurch keine weitere Konkurrenz mehr.

Wenn ein Geschlecht mit wenigen Ressourcen um das andere Geschlecht mit vielen Ressourcen buhlt, gibt es verschiedene interessante Paarungsstrategien, von denen wir noch einige betrachten werden. Bei den Tieren ergibt sich wegen der Mobilität häufig, dass ein Geschlecht viel weniger eigene Ressourcen aufbringen muss als das andere.

Wenn die ungleich verteilten Ressourcen in nur einem Körper, also in einem Hermaphroditen stecken, dann gibt es starke Triebkräfte, die die beiden Geschlechter auseinandertreiben und zur Entstehung von Einzelgeschlechtern führen.

Nachtrag

Ich habe hier diejenigen Pflanzen völlig ignoriert, die keine Zwitter sind. Bei den Pflanzen gibt es einen steten Wettstreit zwischen den Genen des Zellkerns und den Genen der Chloroplasten. Die Gene des Zellkerns möchten gern in Hermaphroditen wohnen. Die Gene der Chloroplasten hingegen bevorzugen reine Weibchen, denn über die männliche Linie können sich die Chloroplasten nicht fortpflanzen, wie wir im letzten Kapitel gesehen haben. Mit den Einzelheiten dieses Spieles verschone ich Sie hier. Informationen dazu finden Sie auch in dem spannenden Buch »Eros und Evolution« von Matt Ridley.

Bevor wir betrachten, nach welchen Gesichts- und Gesäßpunkten Geschlechtspartner ausgewählt werden, kehren wir noch einmal zum Thema Tod zurück.

Tod und Alter
Was uns schrumpeln und humpeln lässt

Nehmen Sie einen Gegenstand in die Hand und fragen Sie eine darauf befindliche Bakterie, wie alt sie sei! Die Bakterie antwortet nicht? Na gut, dann überlegen wir gemeinsam, wie alt diese Bakterie wohl sein könnte.

Steinalte Bakterien?

Wann wurde die Bakterie geboren? Werden Bakterien überhaupt geboren? Ist der Moment der Bakterienteilung die Geburt zweier neuer Bakterien? Ist die Bakterienteilung der Tod der alten Bakterie? Oder lebt die Bakterie nach der Teilung nur doppelt weiter?

Die beiden neuen Bakterien haben die gleichen Gene, die gleichen Zelloberflächenstrukturen und das gleiche biochemische Innenleben wie die Ursprungszelle. Da können wir getrost sagen: Die Bakterie stirbt bei der Teilung nicht. Sie lebt vor und nach der Teilung. Nach der Teilung nur eben doppelt. Und sie lebte vor der vorherigen Teilung auch schon. Und vor der Teilung davor. Das bedeutet, diese Bakterie lebte schon vor der allerersten Teilung – seit dem Beginn des Lebens. Sie haben also ein fast vier Milliarden Jahre altes Lebewesen in der Hand. Es wird kein einziges Atom mehr aus der Entstehungszeit in der Bakterie sein und diese Bakterie ist viel komplexer als die ersten mit Gen-Molekülen gefüllten Fettbläschen. Aber das System »Zelle« existiert seit dieser Zeit, seit dem Beginn des Lebens.

Wenn die Bakterie schon so lange lebt, ist sie dann unsterblich? Wohl kaum. Sie ist nur ein überlebender, gut angepasster Glückspilz. Was würde geschehen, wenn Bakterien unsterblich wären?

Übernehmen Sie am Neujahrstag die Patenschaft über eine Bakterie! Füttern und beschützen Sie sie so gut, dass diese Bakterie und alle ihre Verdoppelungen nicht sterben. Angenommen die Bakterie ist ein Tausendstel Millimeter groß und teilt sich einmal täglich. Ende Januar werden Sie schon einen Bakterienklumpen von einem Millimeter Größe sehen. Ende Februar bekommen Sie dann vielleicht Ärger mit Ihren Wohnungs-Mitbewohnern, denn der Bakterienhaufen hat schon einen Durchmesser von einem Meter. Im März werden Sie mit Ihrem Bürgermeister Streit haben, denn Ihr Bakterienklumpen ist dann einen Kilometer groß. Im April wird Ihnen die UNO Besuch abstatten, weil Ihre Bakterien inzwischen schon einen mittelgroßen Staat bedecken. Im Mai kann Ihnen die UNO egal sein, denn Ihre wohlgehegte Bakterienkultur hat den 100-fachen Erddurchmesser erreicht und beginnt die Planetenbahnen durcheinanderzubringen. Im Juni gibt es dann keine Planeten mehr, denn dank Ihrer aufopferungsvollen Pflege hat die Bakterienkugel inzwischen die Sonne geschluckt und reicht bis über die Saturn-Bahn hinaus. Spätestens dann aber wird Ihnen Ihr Bakterien-Nährflüssigkeits-Großhändler mitteilen, dass er Lieferengpässe hat.

Aus der Tatsache, dass wir die Sterne noch sehen können, können wir schließen, dass Bakterien sterblich sind. Woran sterben Bakterien? Bakterien können verhungern, ersticken, gefressen werden oder an Viren sterben. Sterben Bakterien auch an Altersschwäche? War die fast vier Milliarden Jahre alte Bakterie in Ihrer Hand grau und runzelig? Nein, Sie haben mit einer kerngesunden und frischen Bakterie gesprochen. Das ist faszinierend – uralt werden ohne Altersbeschwerden. Wie schaffen das die Bakterien? Was ist der Jungbrunnen der Bakterien?

Wenn sich eine Bakterie teilt, dann sind die beiden entstehenden Hälften erst einmal klein. Dann wachsen die Hälften schnell zur üblichen Bakteriengröße heran. Dabei verdoppeln sie ihre Größe. Der neu gebildete Bakterienteil ist frisch und fehlerfrei. Wenn auch Sie diese Verjüngungskur probieren und sich einmal jährlich längs teilen würden, dann hätten Sie immer eine frische Niere. Sie hätten immer eine Niere, die höchstens ein Jahr alt ist.

Die Planarien, deren Schleimspur wir bereits gekreuzt haben, erneuern sich auch so. Wenn die Planarien auf Sex verzichten, dann vermehren sie sich wie die Bakterien durch Teilung. Sie kleben ihr Hinterteil am Boden fest. Dann zerrt das Vorderteil so lange daran herum, bis die Planarie in der Mitte durchreißt. Dann wächst die jeweils fehlende Hälfte nach und es gibt zwei Planarien. Wie bei den Bakterien bestehen die so entstandenen Planarien zur Hälfte aus ganz neu gebildetem Material. Auch die nicht neu gebildeten Vorder- oder Hinterteile werden nicht grau und runzelig. Die Regenerationsfähigkeit der Planarien ist so groß, dass jedes kaputte Planarienteil schnell ersetzt wird. Auch die Planarien können also uralt werden und haben dabei immer einen jungen Körper.

Alter Falter?

Je komplexer und komplizierter Lebewesen aufgebaut sind, desto schwieriger wird es mit der Vermehrung durch Teilung. Stellen Sie sich die Zerreißprobe bei einem Kamel vor. Wie soll das Hinterteil überleben, wenn das Herz im Vorderteil steckt? Wie können die beiden Kamelhälften vor Raubtieren fliehen, solange die beiden Kamelhälften jeweils nur zwei Beine haben? Die Vermehrung eines Kamels durch Teilung ist fast so schwer, wie ein Kamel durch ein Nadelöhr gehen zu lassen.

Die komplizierten Vielzeller haben raffiniertere, weniger gefährliche Teilungsmethoden entwickelt.

Knospen

Eine zweite Teilungsmethode ist das Knospen. Pflanzen lassen Wurzeln oder Zweige an eine geeignete Stelle ranken, wo dann eine neue, genetisch identische Pflanze heranwächst. Die neue Pflanze bekommt dabei anfangs die volle Nährstoffversorgung von der Ursprungspflanze.

Tiere dagegen knospen nur selten. Nur ganz wenige, einfach aufgebaute Tiere lassen neue, genetisch identische Tiere seitlich aus sich herauswachsen. Schwämme, Hohltiere wie die Hydra und einige einfache Würmer können sich so vermehren.

Sporen und Jungfrauen-Vermehrung

Eine dritte Methode zur Vermehrung durch Teilung ist die Abspaltung genetisch identischer, nichtsexueller Keimzellen. Pilze, Moose und Farne erzeugen große Mengen Sporen. Sporen sind eine oder mehrere kleine robuste Zellen, die von Wind und vom Regen davongetragen werden können. Anders als bei der Knospung können die Sporen auch an weit entlegene Plätze gelangen. Dort müssen sie aber von Anfang an alleine klarkommen. Wenn Sie im Herbst auf einen Kartoffelbovist treten und die aus ihm herauspuffende Staubwolke betrachten, dann sehen Sie Millionen abgetrennte Kartoffelbovist-Zellen, die sich nun mit Ihrer Hilfe in die weite Welt aufmachen.

Bei den Tieren sind es die schon erwähnten Blattläuse, die Wasserflöhe, ein paar Fischarten und noch einige andere Tiere, die sich durch die Abspaltung von asexuellen Keimzellen jungfräulich vermehren können.

Sexualität

Die vierte Methode der Vermehrungsteilung ist die sexuelle Vermehrung. Hier teilt sich der Körper in den weiter bestehenden

Körper und in die sexuellen Keimzellen. Das Besondere ist, dass diese Keimzellen – anders als die Sporen – vor der Bildung eines Körpers noch mit einer anderen Keimzelle verschmelzen müssen.

Die sexuelle Vermehrung wird von den meisten Vielzellern betrieben, aber eben nicht von allen. Auch die Moose, Farne und viele Pilze vermehren sich nicht nur durch Sporen, sondern legen regelmäßig eine Runde Sex ein.

Jetzt haben wir die sexuelle Vermehrung zusammen mit der Zellteilung der Bakterien in die Kategorie »Vermehrung durch Abspaltung« gesteckt. Wenn wir sagen, dass jede lebende Bakterie fast vier Milliarden Jahre alt sei, wie alt sind dann die Lebewesen, die durch sexuelle Keimzellabspaltung entstanden sind? Wenn ich einen Kamelbesitzer frage, wie alt ein bestimmtes Kamel sei, dann nennt er mir die Zeit, die seit der Geburt des Kamels vergangen ist. Ist das Kamel aber nicht schon älter? Es hat doch schon vor der Geburt, im Mutterleib, gelebt. Ist dann die Verschmelzung von Kamel-Eizelle und Kamel-Spermium der Beginn des Kamel-Lebens? Ich frage Sie: War das Kamel vor der Keimzellen-Verschmelzung tot? Waren die Eizelle und das Spermium tot? Nun, das Spermium, das nur seinen Zellkern übergeben hat, hat den Sex nicht überlebt. Die weibliche Eizelle aber lebte vor dem Moment, in dem die Spermien-Chromosomen in sie eindrangen, genauso wie nach diesem Moment. Das Eindringen der männlichen Chromosomen hat die Eizelle nicht getötet. Wenn die Kamel-Eizelle nun vor und nach ihrer Abspaltung im Eierstock lebte und auch vor und nach dem Sex lebte, dann hat diese Zelle die ganze Zeit gelebt. Über viele Zellteilungen und Zellverschmelzungen hinweg. Dann leben die Zellen der sexuellen Lebewesen genauso lange wie die Bakterien. So gesehen sind auch Sie und jeder Zitronenfalter fast vier Milliarden Jahre alt.

Es ist also eine Frage der Definition, ab wann ein Abschnitt des kontinuierlichen Lebens als ein neues Leben bezeichnet wird. Man kann den Beginn eines Lebens ganz bequem auf seine Sichtbarwerdung, also die Geburt, legen. Oder man wählt den Zeitpunkt, an dem das Leben eine neue Genkombination ausprobiert.

Während ich Sie sonst auffordere, von den Genen aus zu denken, tue ich es hier nicht. Das, was wir als »Leben« bezeichnen, ist die stoffwechselnde Zelle, sind also all die glibberigen Flüssigkeiten, Blasen und Membranen, aus denen eine Zelle besteht. Eine Zelle kann immer nur aus einer anderen Zelle entstehen. Gene bestimmen zwar im Wesentlichen, wie eine Zelle aufgebaut ist, die Gene können aber ohne eine existierende Zelle keine neue Zelle erschaffen.

Ganz abstrakt kann man sagen, die Gene »leben« mit den Proteinen – den Eiweißmolekülen – in Symbiose. Eine Zelle kann ohne Gene nur ein paar Wochen überstehen und Gene ohne eine Zelle um sie herum sind zu nichts fähig. Zusammen sind sie ein starkes Team. Der wohl spannendste Moment bei der Entstehung des Lebens war der, an dem die RNA-Moleküle (Gen-Vorgänger) mit Eiweißmolekülen zusammenkamen und beide begannen, sich gegenseitig bei der Erzeugung neuer RNA- und Eiweißmoleküle zu helfen.

Spiel mir das Lied vom Tod

Vielzeller-Körper, die nur ein paar Zellen zur Vermehrung abspalten, brauchen keine neuen Körperhälften bilden. Die Zellen, die im Körper bleiben, altern. Der Körper stirbt an Altersschwäche, wenn sich nicht vorher schon eine andere Todesursache gefunden hat. So ist es bei den meisten Vielzellern. Muss das aber so sein?

Der menschliche Körper bildet ständig neue Oberhaut-, Darmwand-, Lungenwand- und Leberzellen. Auch neue Blutkörperchen produziert er ständig. Ohne diesen Nachschub an frischen Zellen in den Verschleißzonen wären wir nur einige Wochen lebensfähig. Warum aber werden nicht auch die Bindegewebszellen in der Haut erneuert? Dann würden wir keine Falten bekommen.

Warum werden die Zellen in Herz, Niere und Bauchspeicheldrüse nicht erneuert? Warum lässt sich der Körper nicht alle paar Jahre eine neue Niere und ein neues Herz wachsen? Im Embryonalstadium funktioniert die Organbildung wunderbar. Dann sollte es doch bei Bedarf auch später möglich sein, ein Organ nachwachsen zu lassen. Bei den Planarien funktioniert das doch auch. Warum werden unsere Organe und Körperteile alt, obwohl sie doch alle im Körper regenerierbar wären? Warum bringt sich unser Körper durch unterlassene Organregeneration selbst um?

Es gibt drei evolutionäre Gründe, die uns nicht besonders alt werden lassen:

Lang leben lohnt nicht

Lang leben bietet den Genen keinen Überlebensvorteil. Ihnen ist es ziemlich egal, wie lange ihr Wohnmobil lebt, Hauptsache das Wohnmobil schafft es, ausreichend viele Gen-Kopien in die Welt zu setzen. Wenn die Kinder ausreichend viele Enkel erzeugen und die Enkel fleißig Urenkel in die Welt setzen, dann ist es für die Gen-Gesamtverbreitung nicht so wichtig, ob Uroma und Uropa noch leben und selbst noch ein paar Kinder bekommen.

Es gibt einen starken Selektionsdruck, so lange gesund zu bleiben, bis die Kinder flügge sind. Gene für extreme Kurzlebigkeit sterben ganz schnell aus, denn diese Gene lassen ihre Träger schon vor der Genweitergabe sterben. Weil es keine Gene gibt, die junge Körper schädigen, funktionieren junge Körper ganz vortrefflich. Mutationen aber, die uns erst im Alter Probleme bereiten, werden nicht ausgelöscht, sondern an die nächste Generation weitergegeben. Gene für Langlebigkeit verbreiten sich nicht besser als Gene für Mittellebigkeit. Deshalb bleibt es bei Mittellebigkeit. Wenn es den Genen nichts nutzt, uns lange leben zu lassen, leben wir auch nicht lange. Die Evolution hat die schnelle Erzeugung neuer Wohnmobile optimiert und verschwendet keine Mühe auf die Pflege von Oldtimern.

Durch Abwesenheit glänzen

Im ersten Kapitel haben wir gesehen, dass langes Leben sogar Nachteile hat. Die alt gewordenen Vielzeller sind ein beliebter Brutplatz für Parasiten. Die alten Individuen würden die Parasiten durchfüttern und verstreuen. Gene, die das Leben der Alten so schnell wie möglich ausknipsen, um so die Jungen vor Parasiten zu schützen, sind erfolgreich, weil dadurch mehr Junge parasitenfrei leben können.

Krebs tötet – kein Krebs auch

Um in jungen Jahren fit für die Nachwuchserzeugung zu sein, ist es wichtig, keinen Krebs zu bekommen.

Vielzeller bestehen aus Zellen, in denen noch das genetische Programm der Einzeller steckt. Im Vielzeller herrscht ein strenges Reglement, wann sich welche Zelle teilen darf. Nur durch diese strengen Regeln wurden die Vielzeller zu komplexen Organismen mit verschiedenen Gewebearten und komplizierten Organen. Ohne diese Regeln wären die Vielzeller nur wuchernde Zellhaufen. Wenn nur eine einzige Zelle die Regeln nicht einhält und sich in alter Einzeller-Gewohnheit zügellos teilt, dann funktioniert der Vielzeller bald nicht mehr. Dann hat er Krebs und stirbt.

In den Vielzellern gibt es eine Notbremse für wild wuchernde Zellen. Fast alle menschlichen Zellen können sich höchstens ungefähr 50-mal teilen. Wenn eine Zelle ausbricht und sich unkontrolliert teilt, dann ist nach 50-mal Schluss. Dann ist der durch wilde Zellwucherung entstandene Zellklumpen noch klein und hat keinen Schaden angerichtet. Die Notbremsen sind die sogenannten Telomere. Die Telomere sind die Endstücke der Chromosomen. Beim Kopieren der Chromosomen wird aus kopiertechnischen Gründen ein kleines Stückchen der Telomere nicht mit kopiert. Das bedeutet, bei jedem Kopieren werden die Telomere kürzer. Wenn die Telomere nicht mehr da sind, kann das Chromosom nicht mehr kopiert werden.

Die Einzeller in der freien Wildbahn haben auch Telomere, die bei jedem Kopieren kürzer werden. Die Einzeller besitzen aber einen Stoff, die Telomerase, die die Telomere immer wieder auf Ursprungslänge verlängert. Ohne die Telomerase wären die Einzeller recht schnell ausgestorben.

Die Bändigung der Zellen in den meisten Vielzellern erfolgt nun so, dass die normalen Zellen – also die Zellen, die keine Stammzellen sind – im Vielzeller keine Telomerase ausbilden können. Damit ist die Teilungszahl beschränkt und die Krebsgefahr gebannt.

Das klingt recht einfach und gelungen. Die Sache hat aber drei Haken.

Erster Haken: Die Zellen der Vielzeller besitzen sehr wohl die Gene für die Produktion von Telomerase. Die dafür verantwortlichen Gene sind nur durch Genschalter stillgelegt worden. Durch eine gewisse Anzahl an Mutationen kann – neben anderen krebstypischen Eigenheiten – die Fähigkeit wiedererwachen, Telomerase zu erzeugen. Dann wird aus der bisher braven Zelle eine einzellergleiche, sich ungezügelt teilende Krebszelle.

Zweiter Haken: Es gibt Zellen im Körper, in denen wurde mit Absicht die Telomeraseproduktion nicht blockiert. Das sind die Keimzellen – für die Vermehrung – und die adulten Stammzellen – für die Körperregeneration. Die adulten Stammzellen sind dafür zuständig, wie am Fließband immer wieder solche Zellen zu erzeugen, die schnell verschleißen und ersetzt werden müssen. Das sind rote und weiße Blutkörperchen, Oberhautzellen, Leber-, Darm- und Lungenzellen. Bei diesen Stammzellen reichen einige wenige Mutationen, damit aus ihnen Krebszellen werden. Der Großteil aller Krebsgeschwüre wird durch mutierte adulte Stammzellen erzeugt.

Dritter Haken: Die Begrenzung der Zellteilungszahl auf 50 begrenzt auch das maximal mögliche Lebensalter. Wenn sich die Zellen nicht mehr teilen können, gibt es auch keine neuen Zellbestandteile. Weil Zellwartung und -pflege nicht perfekt sind, altern die Zellen und sterben irgendwann. Und wenn viele Zellen gestorben sind, stirbt auch der Vielzellerkörper. So limitiert die körpereigene Krebsvorsorge unsere Lebenszeit.

Zum Krebs als wild gewordener Möchtegern-Einzeller hier noch eine kurze Geschichte. Meistens tötet Krebs seinen Träger und stirbt mit ihm gemeinsam. Vor vielen hundert Jahren entstand einmal bei einem einzelnen Wolf oder Hund in Sibirien ein besonders interessanter Krebs. Einige der Krebszellen, die im Hund umherkreisten, wurden beim Geschlechtsverkehr, beim Lecken oder Beißen an einen anderen Hund weitergegeben. In diesem anderen Hund überlebten die Krebszellen, wucherten dort und gaben bald wieder einige Zellen an andere Hunde ab, die dann auch an diesem Krebs erkrankten. Dieser heute bei Hunden weit verbreitete sexuell übertragbare Krebs heißt »CTVT – Canine Transmissible Venereal Tumor«. Es genügt, wenn eine Krebszelle von einem Hund zum anderen wechselt. Diese Krebszellen sind nun einzellige, sich asexuell vermehrende Parasiten. Wie Jan Zrzavý u. a. in dem faszinierenden Buch »Evolution. Ein Lese-Lehrbuch« so schön beschreiben, ist dieser einzellige Parasit ein einzelliges Lebewesen aus der Familie der Hunde. Er stammt von einem Hund ab, und Tiergruppen werden heutzutage nach ihrer Herkunft und nicht mehr nach der äußeren Erscheinung definiert. Ein einzelliger Hund also. Ein ansteckender Hund.

Kommen wir nun vom Sterben durch die Krankheit Krebs zum Sterben durch die »Krankheit« Alter.

Wartung und Instandsetzung: mangelhaft

Was passiert beim Altern? Warum müssen Zellen, die sich nicht mehr teilen, unbedingt sterben?

In den Zellen gibt es viele verschiedene, eifrig werkelnde Reparaturmoleküle, die die Zellen in Schuss halten. Gehirnzellen zum Beispiel funktionieren oft mehr als 100 Jahre lang recht gut, obwohl sich die Neuronen seit dem Kleinkindalter nicht mehr teilen.

Weil die Zellreparaturmechanismen nicht auf ein langes Leben hin optimiert wurden, fangen sie irgendwann an, nachlässig zu arbeiten. Dann leiden wir an der tödlichen Krankheit Alter. Was geht beim Altern kaputt?

Flickwerk – Mutationen

Die dünnen DNA-Moleküle, die die Gene codieren, brechen oder zerreißen recht häufig. Es gibt ein ausgeklügeltes System, die DNA-Stränge wieder richtig zusammenzufügen. Dabei passieren aber gelegentlich Fehler. Das sind dann Mutationen. Wenn nicht mehr alle erforderlichen Informationen für die Zellpflege und Zellwartung von der DNA abgelesen werden können, dann stirbt die Zelle irgendwann. Mutierte Zellen können aber auch gefährlich werden. Das Immunsystem sucht nach mutierten Zellen und tötet sie. Die Mutationen raffen auf diese Weise viele Zellen dahin. Noch viel unangenehmer aber wird es, wenn eine mutierte Zelle zur Krebszelle wird.

Oxidativer Stress – Einäscherung auf Raten

Die fleißigen Mitochondrien erzeugen in ihrem Inneren den Energieträger ATP. Dazu lassen sie Zucker mit Sauerstoff reagieren. In einem Reaktionsschritt werden die Sauerstoffmoleküle »scharf« gemacht. Diese hochreaktiven Sauerstoffmoleküle heißen Radikale. Sie verbinden sich mit dem erstbesten Molekül, das ihnen in den Weg kommt. Meist ist dies ein Zuckermolekül, manchmal aber auch nicht. Dann trifft das Radikal auf ein Molekül des Mitochondriums. Wenn dabei Proteine zerstört werden, ist das das kleinere Problem, denn die Proteine sind ersetzbar. Kritisch ist die Zerstörung der DNA-Moleküle, also der Gene des Mitochondriums. Ohne funktionierende DNA ist das Mitochondrium nicht lebensfähig. Die Mitochondrien zerstören sich also bei ihrer Arbeit selbst.

Um unsere Mitochondrien zu schonen, sollten wir aufhören zu essen und zu atmen. Kurzlebige Lebewesen wie Fadenwürmer,

Fruchtfliegen und Mäuse leben bei moderater Hungerkur deutlich länger. Bei Menschen verlängert sich die Lebenszeit durch eine strenge »Iss wenig Kohlenhydrate«-Diät allerdings leider nur wenig. Die Oxidation ist wohl nicht unsere Haupttodesursache, aber einer der Zähne, die stetig an uns nagen.

Blutzucker – knusprige Alte

In unserem Blut zirkuliert ständig Zucker. Der Zucker wird von den Zellen aufgenommen und dort von den Mitochondrien energiegewinnend verbrannt. Wenn der Blutzuckerspiegel hoch ist, schüttet die Bauchspeicheldrüse Insulin aus, das dann bestimmte »Pforten« in den Zellmembranen öffnet, durch die der Zucker in die Zellen hineinwandern kann.

Zucker ist ein reaktiver Stoff, der sich leicht verbrennen lässt. Weil Zucker recht reaktionsfreudig ist, reagiert er auch mit den Proteinen des Körpers. Dann bilden sich Verbindungen aus mehreren Proteinen und einem Zucker. Solche vernetzten Protein-Zucker-Moleküle sorgen bei Pommes frites und Toastbrot für den typischen Geschmack. Dieselben Reaktionen finden außerdem auf der Innenseite unserer Blutgefäße statt. Weil wir aber nicht wohlschmeckend verspeist werden wollen, sondern möglichst lange leben möchten, gefällt uns diese Reaktion überhaupt nicht. Gesunde Blutgefäße sind flexibel, sie erweitern sich bei jedem Herzschlag und verengen sich anschließend wieder. Durch Zuckereinfluss werden die Blutgefäße immer steifer und nach und nach zu starren Rohren, zu unflexiblen Adern. Dann steigt der Blutdruck bei jedem Herzschlag stark an. Der hohe Blutdruck belastet die Aderwände und bringt sie irgendwann zum Platzen. Gehirnblutungen, Nierenschäden und viele andere Störungen entstehen so. Auch andere Zellen, wie zum Beispiel die Nervenzellen, leiden unter der Zuckerbeanspruchung. Das Getoastetwerden geschieht kontinuierlich bei allen Menschen, besonders stark aber bei Diabetikern.

Lysosomen – Müllsäcke der Zellen

Die komplizierten Moleküle der Zellen gehen irgendwann einmal kaputt. Die Reparaturmoleküle der Zelle erkennen defekte Moleküle und schaffen sie, ebenso wie kaputte Mitochondrien, in die Recyclinganlagen der Zellen, in die Lysosome. Das sind kleine Membranblasen innerhalb der Zelle, die nur zum Zwecke der Molekülentsorgung existieren. In den Lysosomen wird der Molekülschrott von speziellen Molekülscheren in einfache Bausteine zerlegt, aus denen die Zelle neue Moleküle bauen kann. Die Molekülscheren können einige der zu zerlegenden Moleküle nicht zerschneiden. Die unzerlegbaren Moleküle reichern sich im Laufe der Jahre an und bilden das bräunliche Lipofuszin, das Alterspigment. Prall gefüllte Lysosome lassen die Haut braun wirken, das sind die Altersflecken. In Zellen, die sich nicht mehr teilen, kommt es zu einer starken Aufblähung dieser »Müllsäcke«. In den Herzmuskelzellen sehr alter Menschen nehmen die Lysosomen zehn Prozent des Zellvolumens ein. Wenn die Lysosomen aufgebläht sind, behindern sie die Funktion der Zelle. Sind die Lysosomen übermäßig groß, können die Zellen daran sterben. Bei Parkinson spielen diese Müllsäcke eine Rolle und auch eine Altersblindheit – altersabhängige Makuladegeneration – wird von den übervollen Lysosomen verursacht.

Wild um sich schießende Milizen – das Immunsystem und die Entzündungen

Unser Immunsystem, das für einen ständigen harten Kampf gegen Viren, Bakterien, Amöben und Würmer ausgebildet wurde, ist nicht zimperlich. Was nicht genau die richtige Zelloberfläche hat, wird gnadenlos bekämpft. Dabei gibt es auch Kollateralschäden. Im Mund leben viele Bakterien, von denen einige in das Zahnfleisch eindringen. Beim Kampf gegen diese Bakterien werden auch Zahnfleischzellen getötet. Das verursacht Parodontose. Wenn irgendwo im Körper Großalarm gegen Eindringlinge gegeben wird, dann rollt die gesamte Immun-Armee an und zerlegt alles Verdächtige. Wenn kein Feind mehr lebt, wird normalerweise ein Signal zum Abzug der Kämpfer gegeben. Manchmal geht beim Truppenabzug aber auch etwas schief. Die Immun-Armee kämpft weiter und zerstört nun unschuldige Körperzellen. Durch die dabei entstehenden Zelltrümmer wird das Immunsystem ständig neu aktiviert, denn Zelltrümmer sind normalerweise ein Zeichen von Infektion und Verletzung. Die Zellen des Immunsystems werden immer wieder aufs Neue in den Kampf ohne Feind geschickt.

Harmlose Verletzungen verwandeln sich so in unnötige Dauerkampfplätze, in chronische Entzündungen. Beim Gelenkrheuma zum Beispiel massakrieren die Immun-Soldaten die Gelenkzellen, bei Multipler Sklerose werden die Nervenzellen hingemordet.

Tod durch Infektionen – pensionierte Milizen

Das Immunsystem schwächelt mit zunehmendem Alter. Eine Lungenentzündung ist eine Infektion, mit der ein junges Immunsystem locker fertig wird. Im Alter schafft es das Immunsystem nicht mehr, die Bakterien und Viren in der Lunge zu töten. Und so töten die Viren und Bakterien dann uns.

Unsere beliebteste Entzündung – die Arteriosklerose

Die Zellen der Blutgefäße erleiden gelegentlich kleinere mechanische Schäden. Dadurch entstehen Zelltrümmer, die wie üblich das Immunsystem alarmieren. Das Immunsystem sendet nun sofort die Fresszellen aus, um Bakterien und Zellreste zu beseitigen. Die Fresszellen stopfen alles Verdächtige in sich hinein. Außer ein paar defekten Blutgefäßwandzellen ist an der Unfallstelle aber nicht viel da zum Vertilgen. Im Blut kommen verschiedene verklumpte Proteine und Fette angeschwommen, die durch Radikale und Zucker deformiert worden sind. Die hungrigen Fresszellen saugen diese Klumpen auf und versuchen, sie in ihren Recycling-Lysosomen zu zerlegen. Einige dieser Moleküle, wie das körpereigene Cholesterin, lassen sich schlecht zerlegen. Die Lysosomen füllen sich immer stärker mit unverdaulichen Molekülwracks an, bis das riesige aufgedunsene Müll-Lysosom die Fresszelle von innen her »erstickt«.

Die Fresszellen-Leichen alarmieren wieder das Immunsystem. So kommen wieder neue hungrige Fresszellen angeschwommen, die sich auf den toten Fresszellen niederlassen. Dort bleiben sie und sterben nach einiger Zeit auch an Verdauungsstörungen. Die Ansammlung toter Fresszellen bildet einen festen Belag, der immer dicker und dicker wird. Wenn sich ein Stück dieses Belags löst und mit dem Blut strömt, kann dieser Fetzen toter Zellen ein Blutgefäß vollständig verstopfen und so für Herzinfarkt oder Schlaganfall sorgen.

Länger Leben – aber wie?

Was können wir daraus lernen? Wir sollten unsere Zellen, die sich nicht mehr oder nicht mehr oft teilen, nicht allzu arg beanspruchen. Was dazu nötig ist, wissen Sie: Nicht rauchen, kein Übergewicht, dafür Sport und gesunde Ernährung.

Gibt es aber eine Möglichkeit, die Anzahl der möglichen Zellteilungen zu erhöhen? Oder die Zellpflegesysteme deutlich zu verbessern, um so das Leben zu verlängern?

Natürlich. Die Lebenserwartung lässt sich um Jahrzehnte erhöhen, wenn Sie und Ihre Mitmenschen einfach diese beiden Regeln befolgen:

1. Keinen Sex vor dem 40. Lebensjahr für Frauen und keinen Sex vor dem 70. Lebensjahr für Männer.
2. Die Kinder werden nach dem Abstillen nicht von den Müttern, sondern von den Großmüttern großgezogen.

Wenn die Menschheit streng nach diesen beiden Vorgaben leben würde, dann gäbe es einen starken Selektionsdruck in Richtung Fruchtbarkeit und Fitness im Alter. Innerhalb weniger hundert Generationen würde – bei anfangs deutlich verringerter Population – die Lebenserwartung der Menschen sehr stark ansteigen.

Wenn die Menschen durch späten Sex ihre Lebenserwartung verlängern würden, dann wäre das erfreulich für sie. Unseren Genen aber ist das egal und darum lassen sie uns schon als Teenager miteinander kopulieren.

Mit wem aber kopulieren wir am liebsten? Das ist das Thema der nächsten Kapitel.

Teil II

Plateauphase:

Sexualauswahl

Es ist Wahltag
Wer darf sich mit mir kreuzen?

Wie sehen die Menschen der Zukunft aus? Was wird die Evolution aus den Menschen machen? Werden wir grün und stieläugig? Bekommen wir lange dürre Finger, um die Tastaturen besser zu bedienen? Oder werden wir noch fettere Schlaffies? Schreitet die menschliche Evolution überhaupt noch weiter voran?

Wenn Sie einen Blick in die mittelfristige evolutionäre Zukunft der Menschheit werfen wollen, dann gehen Sie ins Kino! Betrachten und genießen Sie dort die cleveren, starken, schönen Männer und die wundervollen Frauen.

Würden Sie gern einen oder mehrere dieser wohlgeratenen Menschen in Ihr Bett lassen? Im Bett wird die zukünftige Menschheit geschaffen. Auch wenn es nicht jedem vergönnt ist, sein Lager mit solch einem Kino-Prachtexemplar zu teilen, so gibt sich doch jeder Mühe, ein Exemplar zu ergattern, das diesen möglichst nahekommt.

Bestimmen nun die Holly- und Bollywood-Regisseure den Verlauf der Evolution? Nein, die Regisseure haben einen strengen Regieassistenten und der entscheidet, wer vor die Kamera darf und wer nicht. Dieser Assistent heißt »Sexualauswahl« und ist viel älter als das Filmbusiness.

Arten ohne Sex können sich nur durch mühsames Sterben und Überleben anpassen. Arten mit Sex haben es da bequemer. Wenn ich gerade selbst nicht ganz perfekt an die Bedingungen angepasst bin, dann suche ich mir einen perfekten Partner und erzeuge fast perfekte Nachkommen. Doch welcher potentielle Geschlechtspartner ist denn der perfekte? Der mit dem langen Schwanz? Der mit dem gelben Schnabel? Oder der gute Sänger? Und wie überrede ich ihn dazu, mein Geschlechtspartner zu werden?

Die Frage »Woran erkenne ich einen guten Partner?« verschieben wir noch etwas nach hinten. Zuerst beschäftigen wir uns mit der Frage »Wie bekomme ich solch einen guten Partner?«

Wir betrachten die Sache der Partnerwahl aus Sicht desjenigen Geschlechts, das die größere Mühe bei der Jungenaufzucht hat. Dieses Geschlecht ist das umworbene Geschlecht und kann daher auswählen. Meist sind dies die Weibchen.

Nur als Einschub: Es gibt auch Tierarten, bei denen die Männchen das umworbene Geschlecht sind. Bei vielen Fischarten kümmern sich die Männchen um die Brut. Das liegt daran, dass die Männchen zuletzt mit der Brut allein sind. Bei der Paarung legt das Weibchen seine Eier auf den Grund. Dann gibt das Männchen sein Sperma darüber. In dieser Zeit ist das Weibchen schon verschwunden. Das Männchen hat nun die Wahl: »Suche ich mir den nächsten Sexualpartner oder kümmere ich mich schützend um die Eier?« Das Fisch-Weibchen ist durch rechtzeitiges Verdrücken dieser Sorge ledig.

Mal gucken, wer da kommt

Frau könnte ja einfach den ersten Partner nehmen, der ihr über den Weg läuft/schwimmt/fliegt. Das reicht für die Parasitenabwehr-Genmischung, erzeugt neue Eigenschaftskombinationen und merzt einige schlechte Mutationen aus. Ob die neue Genmischung aber eine gute oder schlechte Mischung ist, bleibt dem Zufall überlassen. Wenn Sie es wie ein Baum mit tausenden Blüten mit tausenden Bienen treiben und tausende Samen erzeugen, dann ist eine wahllose »Komm her und geh mit mir ins Bett«-Aufforderung in Ordnung. Wenn Sie aber im Leben nur einige wenige Kinder bekommen können, dann sollten Sie etwas wählerischer sein und die Latte etwas höher hängen.

Wie hoch aber? Ist denn der Typ, der da eben aufkreuzt spitze, mittelmäßig oder lausig (da sind sie wieder, die Parasiten)? Eine beliebte Methode ist es, sich einfach erst einmal ein paar Typen anzusehen, sagen wir mal fünf Stück, um ein Gefühl für das vorhandene Angebot zu bekommen. Dann lässt frau nach und nach die anderen ankommen. Der erste, der besser ist als der beste der ersten fünf, wird für ausreichend gut befunden und darf dann.

Mit dieser Methode, verwandt mit dem Sekretärinnen-Problem und der sequentiellen Schwellwerttaktik, bekommt frau annehmbar gute Partner. Aber »annehmbar gut« ist eben nur annehmbar gut und nicht »der Beste«. Um wirklich den Besten auswählen zu können, müssten alle Kandidaten nebeneinander zur gründlichen Begutachtung stehen. Wie könnte frau alle herumstreunenden Kerle zur Inspektion zusammenbekommen?

Die Balzarena

Es genügt, wenn sich einige Weibchen zu bestimmten Zeiten an bestimmten Orten treffen – alle Männchen werden da sein. Und dann können sie wie im Kaufhaus den Besten auswählen.

Es werden die Eigenschaften der Männchen betrachtet, die für gute Gene stehen – glattes dichtes Fell, wohlgeformte Gliedmaßen, Muskeln usw. Es ist eine »Gute Gene Auswahl«.

So kann sich jedes Weibchen den Kerl aussuchen, den sie für den besten hält. Die Umwelt wird durch Töten oder Lebenlassen ihrer Kinder darüber entscheiden, ob ihr Männergeschmack der richtige war.

Eine Glanzleistung – der »Run Away Effekt«

Wenn aber so viele Weibchen beieinander sind, interessieren sie sich nicht nur für die Männchen. Sie interessieren sich dafür, welches Männchen die anderen Weibchen auswählen. Wozu soll das gut sein?

Für die Erzeugung erfolgreicher Töchter spielt es keine Rolle, welche Vorlieben die anderen Damen haben. Zur Erzeugung von heiß begehrten Söhnen ist es aber immens wichtig, den Geschmack der anderen zu kennen. Denn die anderen Weibchen sind die Mütter derjenigen Töchter, bei denen der Sohn Eindruck machen soll. Nur dasjenige Männchen, das die zukünftigen Mütter am meisten beeindruckt, kommt als Erzeuger eines Sohnes infrage.

Weil die Auswahlkriterien so streng sind und immer der Geschmack aller Weibchen getroffen werden muss, konzentrieren sich alle Weibchen auf nur ein einziges, besonders gut aussehendes Männchen, von dem sie sich beeindruckende Söhne versprechen. Mit diesem einen Männchen paaren sich alle Weibchen. In der nächsten Generation stammen dann aber alle Söhne von diesem einen Vater ab und sind sich damit alle recht ähnlich. Kleinste Unterschiede werden dann entscheidend. Das Gen für diesen kleinen Unterschied wird an alle Söhne, also an alle Männchen der Population, weitergegeben. Dann ist es Standard. Nun wird das Männchen ausgewählt, das dieses Merkmal eine Winzigkeit besser zeigt als die anderen. Und das es wieder dann an alle Söhne weitergibt. Usw., usw., usf.

Dasjenige Weibchen, das durch richtige Männchenwahl zur Mutter des nächsten Champions geworden ist, ist die Großmutter väterlicherseits der gesamten übernächsten Generation. Damit hat sie ihren Männergeschmack erfolgreich weitergegeben. Alle Weibchen der Enkelgeneration haben nun fast den gleichen Geschmack und die gleichen Vorlieben und wählen immer dasjenige Männchen, das diese Vorlieben am besten erfüllt.

Wenn es anfangs darum ging zu unterscheiden, wer von den Kandidaten stumpfe und wer glänzende Federn hat (Zeichen für starken bzw. schwachen Parasitenbefall), geht es wenige Generationen später schon um den Unterschied zwischen glänzenden und hochglänzenden Federn. Die Federn werden immer glänzender, farbiger und größer, weil immer nur das Männchen mit den am stärksten glänzenden, farbigsten und größten Federn Nachwuchs bekommt. Und dies deshalb, weil alle Weibchen auf Männchen mit den am stärksten glänzenden und mit den farbigsten und größten Federn stehen.

Weil es hier nun nicht mehr nur um Merkmale für gute Gene geht, sondern um Merkmale, die den anderen attraktiv erscheinen sollen, bekommt die Sache eine Eigendynamik. Das ist der sogenannte »Run Away Effekt« (positive Rückkopplung). Merkmale entwickeln sich in irgendeine Richtung, wenn und weil alle auf diese veränderten Merkmale stehen.

Schöne lange Schwänze – das »Handicap Prinzip«

So ist sichergestellt, dass die Kinder immer hervorragende Federn haben. Sind hervor-ragende, glänzende, farbige, lange Schwanzfedern wirklich gut? Kann es gut sein, als Vogel bunt wie eine Bonbonpackung durch den Wald zu fliegen und genau wie sie zu signalisieren »Friss mich!«?

Tierarten überleben solche farbenfrohen »Run Away Effekte« nur, wenn sich ein zusätzlicher Genschalter entwickelt. Solche Genschalter sind nichts Aufregendes, es gibt viele von ihnen, manche sagen zum Beispiel: Lass Zehennägel wachsen, wenn du eine Fußnagelbettzelle bist, und lass es bleiben, wenn du eine Leberzelle bist.

Solch ein Genschalter sagt also nun zu den Gen-Ablesemolekülen: »Entwickelt bunte Federn, wenn wir gerade in einem Männchen sind und lasst die alten tarnfarbenen Federn wachsen, wenn wir gerade in einem Weibchen sind.« Diese Genschalter sorgen dafür, dass die Weibchen überleben. Und die Männchen?

Viele der bonbonfarbenen Männchen werden gefressen. Am Balztag kommen deswegen nicht mehr wie früher 100, sondern nur noch 20 Männchen zur Balz. Na und? Die wenigen Männchen, die zu diesem Termin erscheinen, zeigen, dass sie trotz widrig leuchtender bunter Umstände überlebt haben. Sie haben bewiesen, dass all ihre Gene – außer die für bunte Federn – gute Überlebensgene sind.

Dieses großspurige Angeben mit einem Problem: »Ich habe einen schweren Rucksack auf dem Rücken und trotzdem hat mich beim Fangen spielen keiner erwischt«, nennt man das »Handicap Prinzip«. Es besagt, dass Signale gesendet werden, deren Erzeugung sehr viel Aufwand macht. Nur um zu signalisieren: »Ich kann es mir leisten!«

Ganz selten – aber wirklich nur ganz selten – erweist sich das unnütze, störende, oft tödliche Handicap als unerwartet nützlich. Pfauenmännchen, die oft als typisches Handicap-Beispiel genannt werden, sind so wunderliche Vögel, dass viele Räuber die veränderte Silhouette, die zur Hälfte aus Federn besteht, nicht mehr richtig deuten können und statt in den Körper in die Federn beißen. Wenn das Pfauenrad aufgerichtet ist, sieht ein Pfauenmännchen außerdem nicht mehr nach Futter aus, sondern wie ein vieläugiges Monster.

Es gibt die These, dass sich Vogelflügel aus einem Handicap entwickelt haben. Federbedeckte baumkletternde Saurier entwickelten zur Erhöhung des Balz-Showeffekts immer längere Federn an den Vordergliedmaßen. Irgendwann waren diese hinderlichen Federn aber ganz praktisch, wenn die Klettersaurier vom Ast fielen oder durch schnellen Absprung vom Baum flüchten mussten. Aus solchen Kletterundsegelsauriern könnten sich die Vögel entwickelt haben.

Noch eine kleine Nebenbemerkung zu Balzarenen allgemein. Wenn alle Kinder immer vom selben Vater abstammen, dann paaren sich doch immer nur Geschwister. Gibt das nicht Fehlbildungen und easy Parasitenfutter?

Junge, gerade erwachsen gewordene Weibchen wechseln häufig in ein anderes Revier. Die dann zugezogenen Weibchen haben andere Väter und einen etwas anderen Männergeschmack als die einheimischen. Ihre Söhne werden niemals den alles entscheidenden ersten Preis beim alles entscheidenden Schönheitswettbewerb gewinnen, denn sie weichen zu sehr vom Geschmack der lokalen Damenwelt ab. Aber die Töchter der Zugezogenen bekommen durch Mutters Anderssein gut durchmischte Gene. Sie sind damit deutlich überlebensfähiger und kinderreicher als die unter Inzuchteffekten leidenden Töchter der Alteingesessenen. Die Söhne der Zugezogenen bekommen auch gut gemischte Gene. Weil aber diese ortsuntypisch aussehenden Söhne hässlich erscheinen, geben sie diese Gene niemals weiter. Manchmal paaren sich die zugezogenen Weibchen deswegen auch gleich mit einem vom Ideal abweichenden Männchen. So wird die krasse Inzucht der Balzarenen abgepuffert.

Dies ist ein gutes Beispiel dafür, dass dort, wo die meisten versuchen, mit einer bestimmten Strategie erfolgreich zu sein, ein paar wenige mit einer ganz anderen Strategie ebenfalls erfolgreich sein können. Die Mehrheit läuft dem einen idealen Männchen hinterher, um vielleicht einen erfolgreichen Sohn in die Welt zu setzen. Eine Minderheit spielt dieses Spiel – ständig oder gelegentlich – nicht mit und sucht sich andersartige Männchen, um gut durchmischte, erfolgreiche, parasitenfreie Töchter zu bekommen. Wie erfolgreich die eine oder die andere Strategie ist, hängt von der Parasitenlast und anderen Umweltbedingungen ab.

In der Balzarena können die Weibchen entscheiden, wer die aufregendsten Federn trägt. Wer aber ist der Stärkste? Wie können die Weibchen das erkunden? Sie lassen die Jungs gegeneinander kämpfen. Der Sieger kann, muss aber nicht erwählt werden. Weil sich nur die besten Kämpfer vermehren durften, bekamen die Birkhähne z. B. große Körper, die Widder große Hörner und die Hirsche große Geweihe.

Auch Ressourcen sind sexy

Die Weibchen vieler Arten sind während der Brutpflege ortsgebunden. Weil sich Nester schlecht huckepack durch die Gegend tragen lassen, bleiben Vogelweibchen während der Brutzeit an einem Ort. Es ist genüberlebenswichtig, dass das Weibchen und ihr Nachwuchs die nächsten Monate an einem futterreichen und wettergeschützten Ort verbringen können. Solche Rundumwohlfühlplätze sind begehrt und umkämpft.

Die Weibchen könnten um die guten Reviere rangeln. Sie machen sich aber damit nicht die Federn schmutzig, sondern lassen diesen Job von den Männchen erledigen. Sie lassen die Männchen um die Reviere kämpfen und wählen dann Revier und Männchen im Doppelpack. Männchen, die ein gutes Revier erkämpft haben, sind doppelt gut. Erstens bieten sie ein tolles Revier für die Jungenaufzucht und zum Zweiten haben sie gute Gene. Denn nur wer gute Gene hat, kann in den heftigen Kämpfen erfolgreich sein. Nachdem die Männchen die Reviere untereinander verteilt haben, kommen die Weibchen zur Begutachtung. Wer nur ein dürftiges, karges Revier abbekommen hat, wird verschmäht und darf es im nächsten Jahr – wenn er es erleben sollte – noch einmal probieren. Wer ein passables Revier erkämpft hat, zu dem gesellt sich eine Partnerin. Am begehrtesten sind die tollen Typen, die die First-Class-Reviere besetzt halten, in denen das Futter ins Maul fliegt. Weil so ein super Revier so nahrhaft ist, ziehen oft zwei oder auch drei Weibchen bei dem Super-Revierherrscher ein. Ein gut untersuchtes Beispiel sind amerikanische Trauerammern, die mitten in der Prärie um schattige Plätze für den Nestbau kämpfen. Wer das schattigste Plätzchen erkämpfen konnte, hat die meisten Be- und Beiwohnerinnen.

Der mächtige Revierbesitzer braucht die ihm zugeflogenen Weibchen nicht zu verteidigen. Er muss aber sehr bemüht sein, sein Revier nicht zu verlieren. Daher ist der Fachbegriff für dieses Fortpflanzungssystem: Ressourcenverteidigungs-Polygynie.

Der Harem

Männliche Rothirsche kämpfen nur einmal im Jahr, weil die Weibchen nur zu einer Zeit im Jahr fruchtbar sind. Bei den

Löwen aber ist es anders. Bei Löwen ist immer Paarungszeit. Die Löwinnen haben über das ganze Jahr verteilt fruchtbare Tage. Wenn ein Löwen-Männchen im Kampf gegen ein anderes Männchen ein Rudel Weibchen errungen, erbissen und ertatzt hat, muss das erfolgreiche Männchen kampfbereit bleiben. Sexgierige Konkurrenten versuchen immer wieder, ihm die exklusive Zugangsposition zu den Löwinnen zu entreißen. Diese vielen Kämpfe hält das Haremsmännchen nur zwei, drei Jahre durch, dann zieht es geschlagen und verletzt von dannen. Die Gene der Löwen-Männchen sind, wenn überhaupt, immer nur kurze Zeit am »Hebel«.

Ein neuer Löwenpascha hat Sex mit allen Löwinnen des Rudels, außer mit denen, die gerade kleine Löwen säugen. Diese Löwinnen sind nicht empfänglich. Statt nun geduldig ein halbes Jahr zu warten, bis das Kind abgestillt ist und Mama wieder Lust hat, tötet das Löwenmännchen einfach ihre Kinder. Der schnelle Tod des Nachwuchses führt zu baldigem Sex. Und wieder ein Satz mit Sex und Tod.

Als die Taktik des Kindermords, des Infantizids, entstand, war sie sehr erfolgreich, da sich das Kindermord-Gen etwas erfolgreicher ausbreitete als die konkurrierenden Gene. Weil sich aber das Kindermord-Gen so gut ausbreitete, steckte es bald in allen Löwen-Männchen. Dann hatte das Morden keinen Vorteil mehr, denn es bescherte zwar einige zusätzliche Paarungen und damit einige zusätzliche Kinder, bedeutete aber auch viele ermordete eigene Kinder nach dem Verlust der Macht. Wenn es eine Mutation hin zu Kindestoleranz gäbe, könnte sie sich im Konkurrenzkampf gegen die mordenden Gene nicht durchsetzen. So bleibt es aus kurzfristigen Geninteressen beim Kindermord, auch wenn dadurch die Vermehrungsrate jeder Löwin verringert wird.

Wie könnten die Weibchen ihre Kinder dem Terror der Männchen entziehen? Die Löwinnen könnten es wie die Hirschkühe machen und nur zu bestimmten Terminen empfänglich sein. Dann würden die Männchen einmal im Jahr kämpfen und die übrige Zeit die Löwinnen und ihren Nachwuchs in Ruhe lassen. Diese Tendenz gibt es bei den Löwinnen. Einige haben gemeinsame Termine und ziehen so zusammen die Kinder groß. Weil es aber keine harten Jahreszeitenwechsel gibt, die bestimmte Geburtstermine vorteilhaft machen, ist die Synchronisation noch nicht stark genug, um die Männchen als brutale, kindermordende Paschas loszuwerden.

Eine andere Möglichkeit wäre, dass die Weibchen sich miteinander verbündeten und gemeinsam versuchten, die Kinder zu schützen. Sie könnten große Gruppen bilden, an die sich kein unerwünschtes Männchen heranwagt (ist ein so großes gefährliches Wesen ein -chen?). Bei den Löwen wird so etwas tatsächlich beobachtet. Löwen-Männchen trauen sich eher, kleinere als größere Rudel zu übernehmen. Allerdings gibt es prompt eine Gegenentwicklung. Größere Rudel werden nicht mehr von einem einzelnen Männchen, sondern von mehreren Brüdern gemeinsam erobert und beherrscht.

Eine weitere Möglichkeit, den Kindesmord zu verhindern, wäre es, einen neuen Pascha glauben zu lassen, das Kind sei von ihm. Dazu müsste ein Weibchen regelmäßig mit all den Kandidaten verkehren, die sich Hoffnung auf Haremsübernahme machen. Wenn einer von ihnen dann den Harem übernimmt, lässt er das Baby am Leben, denn es könnte ja das seine sein.

Das ist aber einfacher gesagt als getan. Denn in der Praxis müsste das Weibchen an den fruchtbaren Tagen hinaus in die Umgebung ziehen – doch gerade an diesen Tagen wird sie vom Harems-Männchen mit Kopulation beschäftigt.

Bei Schimpansen – auch da gibt es gelegentlichen Kindesmord – könnte das allerdings funktionieren, denn dort leben die rangniedrigen Männchen, die offiziell keinen Sex haben dürfen, mit in der Gruppe. Da heißt es dann, sich unbemerkt mit dem aufstrebenden Männchen, das vielleicht der Nachfolger des Alphatiers werden könnte, hinter ein Gebüsch zu verziehen. Aber gerade darauf achtet das Alphamännchen sehr genau und bewacht die Weibchen an deren fruchtbaren Tagen.

Bei den Bonobos, genauso eng mit uns verwandt wie die Schimpansen, hat diese Methode aber funktioniert. Die Weibchen haben mit allen Männchen viel Sex und dadurch nicht nur den Kindesmord durch das Alphamännchen abgeschafft, sondern auch gleich das alles beherrschende Alphamännchen. Männchen mit viel Sex ohne große Mühe üben keine brutalen Machtkämpfe aus, bei denen sie ihre Gesundheit riskieren würden.

Kindstötung aus Konkurrenzgründen ist aber keine reine Männersache. Ein Beispiel sind die Erdmännchen, kleine süße, in selbst gegrabenen Höhlensystemen lebende Raubtiere. Hier sind es hochrangige Weibchen, die die Neugeborenen rangniederer Weibchen töten.

Was macht ein Erdmännchen mit Hoden, wenn es sich auf die Hinterbeine stellt? Es macht Erdmännchenmännchenmännchen.

Single sucht Gelegenheit

Es fehlen bei unseren Betrachtungen noch einzeln lebende Weibchen, die über das ganze Jahr verteilt fruchtbar sind. Diese Weibchen bekommen immer wieder Besuch von einzelnen Männchen. Nun muss das Weibchen entscheiden: »Lass ich ihn ran oder lass ich ihn nicht ran?« Es kann seine Gäste auffordern, Tänze aufzuführen oder Geschenke mitzubringen, um so die Qualitäten zu prüfen. Nach vollzogener Paarung kann sich das Männchen dann vom Acker, vom Baum oder wovon auch immer machen und beim nächsten Weibchen sein Glück versuchen. Und so dem nächsten Männchen, das schon hinter dem nächsten Gebüsch auf seine Chance lauert, Platz machen. Um dem nachfolgenden Männchen die Genreplikationstour zu vermasseln, kann das Männchen bei der Paarung so schöne Dinge wie Begattungspfropfen oder Ähnliches hinterlassen. Pech nur, dass der nachfolgende Kandidat diesen Trick kennt und dessen Penis oft ein Begattungspfropfen-Entferner ist.

Der beste Begattungspfropfen aber ist, viel wirksamer als irgendeine wachsartige Masse in der Vagina, das Männchen selbst. Um die Wahrscheinlichkeit zu senken, dass andere hinterm Gebüsch zum Zuge kommen, sollte der Verkehr in die Länge gezogen werden. Stundenlange Kopulationen sind keine Seltenheit, Präriewühlmäuse können bis zu 40 Stunden zusammensteckend verbringen.

Wenn ein Männchen mit viel Hingabe das Weibchen so lange sexuell erregen und fesseln konnte, bis die Eizellen mit Sicherheit durch seine Spermien befruchtet worden sind, dann kann sich das Männchen endlich auf den Weg machen und versuchen, beim nächsten Weibchen zu landen. Doch das ist ein Glücksspiel. Die meisten Weibchen sind gerade schwanger, brüten Eier aus oder sind wegen intensiver Jungenaufzucht noch zu keinem Sex bereit. Und die wenigen Weibchen, die Lust auf Sex haben, sind schon von vielen anderen Männchen aufgestöbert worden. Das Weibchen hat schon dafür gesorgt, gefunden zu werden. Da wird es nun schwierig, einen Treffer zu landen.

Die mehr oder minder erfolgreichen Paarungen eines Männchens mit mehreren verstreut lebenden Weibchen nennt man opportunistische Polygynie. Wenn aber alle Annäherungsversuche eines Männchens abgewiesen werden, wenn es immer wieder abblitzt, lebt das Männchen dann in NoNogamie?

Monogamie

Was wäre eine Alternative zu dieser mühsamen Immer-Wieder-Probier-Methode? Mann könnte nach dem Verkehr ja gleich beim Weibchen bleiben, geduldig die Kinderaufzucht abwarten, andere Kerle verscheuchen, um dann, wenn sie wieder Lust hat, der Erste und Einzige zu sein. Um das Weibchen von dem Gedanken abzubringen, es mit einem anderen zu versuchen, kann es von Vorteil sein, sich einzuschmeicheln und dem Weibchen bei der Jungenaufzucht zur Hand bzw. zum Flügel zu gehen. Nebenher erhöht das auch die Überlebenschancen der eigenen Kinder.

Monogamie ist eine Strategie, mit der sich Männchen verstreut lebende Weibchen reservieren. Den Weibchen bleibt ein häufiger Männchenwechsel mit der Gefahr von Kindstötung erspart und wenn die Weibchen Glück haben, helfen die Kerle auch ein bisschen mit bei der Kinderaufzucht und Erziehung.

Beim Menschen leben die Frauen ganz und gar nicht verstreut und trotzdem soll es gelegentlich Fälle von Monogamie geben. Wir betrachten später noch genauer, wie es dazu kommen konnte.

Der kleine Unterschied – Dimorphismus

Bei der Anbahnung von monogamen Beziehungen werden die potentiellen Partner nach Gesundheit und allgemeiner Fitness beurteilt. Es geht nur um gute Gene. Weil die Mehrzahl der Männchen ihre Gene weitergeben, und nicht nur einige wenige wie in der Balzarena oder im Harem, schaukeln sich kleine Unterschiede nicht so auf wie in der Balzarena. Männchen und Weibchen legen jeweils ungefähr die gleichen Kriterien aneinander an. Deshalb sind bei monogamen Arten die beiden Geschlechter sehr ähnlich. Wenn Zoologen und Fossilienforscher weibliche und männliche Körper oder Körperreste einer Art nebeneinanderlegen, wissen sie sofort, ob diese Art monogam oder polygam lebt bzw. lebte. Gleich gebaut bedeutet: monogam, sehr unterschiedlich gebaut: sehr polygyn, ein bisschen unterschiedlich gebaut: ein bisschen polygyn.

Alles fließt

Man könnte denken, solche Veranstaltungen und Strukturen wie die Balz und der Harem wären genetisch genau bestimmt. Sind sie aber nicht. Es gibt keine Gene, die z. B. einen Harem erzeugen. Es gibt nur Gene für bestimmte Strategien, die vielleicht einen Harem erzeugen können. Genetisch bestimmt sind die Wünsche der Beteiligten und die möglichen Strategien, diese Wünsche zu erfüllen. Die Ergebnisse aber, die sich einstellen, wenn verschiedene Mitspieler mit verschiedenen Strategien aufeinandertreffen, sind nicht genetisch bestimmt. Welche Strategien in welchen

Kombinationen zu welchen Strukturen führen, ist Thema von Spieltheorie und Evolutionsbiologie. Ob es eine Balz, ein strenger Harem, ein loser Harem, eine lockere Gemeinschaft oder vielleicht auch Monogamie wird, ergibt sich erst aus dem Wechselspiel des Verhaltens aller Beteiligten. Innerhalb einer Art kann es verschiedene Gene für verschiedene Strategien geben, die miteinander konkurrieren. Selbst in einem Individuum können Gene für verschiedene Strategien stecken, die je nach äußeren Bedingungen wahlweise angewendet werden. Als es in Nordafrika noch Löwen gab, lebten diese Löwen monogam. Die kargeren Umweltbedingungen dort machten das Gruppenleben für Weibchen unattraktiv und die Männchen stellten sich darauf ein.

Spieltheoretiker untersuchen, welche Mischung verschiedener Strategien unter welchen Bedingungen welches Fortpflanzungssystem erzeugt. Bilden sich stabile Fortpflanzungssysteme heraus, dann nennt man die angewendeten Strategien »Evolutionär stabile Strategien«.

Auch bei unseren Vorfahren gab es zu verschiedenen Zeiten verschiedene Paarungsstrategien und Fortpflanzungssysteme, die alle ihre Spuren in unseren Gehirnen hinterlassen haben. Später dazu mehr.

Wählerisch?
Haut, Zähne, Haare, Gesicht, Augen, Hüften

Wonach erwählen wir unsere Partner? Wir haben keine leuchtend roten Kehlen wie die Rotkehlchen, nur manchmal blaue Flecken. Wir haben keine langen bunten Schwänze wie die Pfauen, nur … Und wir haben kein weißes Gefieder wie die Schwäne. Nicht einmal unsere Westen sind wirklich weiß.

Wohin lassen wir unsere Blicke beim begehrten Geschlecht gleiten? Wohin entgleiten unsere Blicke manchmal? Wovon können wir den Blick nicht abwenden? Und worauf ruhen unsere Blicke bis jemand sagt: »Glotz nicht so!«?

Die nackte Wahrheit – die Haut

Nun endlich ist sie da, die lang und aufgeregt erwartete Gelegenheit. Zögernd schmiegen sie sich aneinander. Zart und unsicher berühren sich ihre Lippen. Doch schnell wächst ihr Mut. Ihre Küsse werden immer vordringender, einander fordernder. Mit jedem Kuss wandert ein winziges Stück des Geküssten in das Innere des Küssenden hinein und verschmilzt dort mit ihm. Der Lichtschein einer Tausend-Watt-Leuchtstoffröhre versetzt die einander begierig Umschlingenden in wollüstige und doch romantische Stimmung. Seine Lippen beginnen, sich an ihrer …

Hm? Leuchten dabei nicht sonst immer Kerzen? Warum ist im Dunkeln gut munkeln? Warum tun es viele von uns im Licht nicht?

Unsere Angewohnheit, für die schönen erotischen Momente die Abgeschiedenheit zu bevorzugen, kommt wohl daher, dass wir darauf programmiert sind, achtzugeben: Das Alphamännchen – oder die jeweiligen Ehepartner – könnten den Verkehr missbilligen. Das ist zwar der wichtigste, aber nicht der einzige Grund, warum wir beim Vor-, Haupt- und Nachspiel so lichtscheu sind. Der andere: Die Geschlechtspartner sind in schummerigem Licht einfach immer etwas hübscher. Kann Kerzenlicht Doppelkinne, Schwabbelbäuche und Hängebrüste unsichtbar machen? Leider nicht. Fettpolster werden nur dann völlig unsichtbar, wenn man die Kerzen auspustet. Unseren, an das helle Tageslicht angepassten Augen, entgehen aber bei Kerzenlicht viele Details. Die Bilder, die von der Netzhaut per Sehnerv ins Gehirn gemalt werden, haben keine hohe Auflösung. Unser datengieriges Gehirn ist mit den wenigen Pixeln der Bilder nicht ausgelastet und beschäftigt sich dann stattdessen mit den hereinströmenden Tast-, Riech- und Schmeck-Signalen. So kann das Augentier Mensch im Dunkeln auch mal eine Zeit lang ein genussvolles Fühl- und Riechtier sein.

Die fehlenden Pixel bei der Abbildung des Gegenübers lassen uns dessen grobe Poren und feine Haare, die Cellulite, die Mitesser, die Pickel, die Pusteln, die Akne und die kleinen Narben nicht mehr erkennen. Bei Kerzenschein erscheint uns seine Haut glatt wie ein Babypopo. So wie wir die Haut unseres Liebsten am liebsten haben. Warum aber verschmähen wir so völlig harmlose Dinge wie Akne und Cellulite?

Weil die irgendwie so ähnlich aussehen wie zum Beispiel Hautpilze, Läuse, Flohstiche, Zecken, Pocken und Lepra, die wir nicht besonders mögen, da sie zu uns herüberkriechen oder uns anstecken könnten. Reine, glatte Haut zeigt an, dass hier die Parasiten durch Abwesenheit glänzen. Der tiefe Sinn des Liebesspiels ist es ja, die Parasiten loszuwerden. Ein Minirock mit darunter zur Schau getragener Haut ist damit immer auch ein Minimalparasitenbefallsanzeige-Rock.

Übrigens: Erfahrene Männer wissen zu schätzen, dass Frauen mit Akne einen höheren Testosteronspiegel und damit eine höhere Libido haben.

Nackte reine, wohlfarbene Haut wirkt nicht nur auf Menschen erregend. Hühner lassen sich von tiefroten Kämmen und Kehllappen bezirzen. Blasse Kämme mit dubiosen Stellen sagen: »Dieser arme Gockel ist von Parasiten besetzt. Ist krank!« Menschen können die Gockel-Vorlieben der Hennen ganz leicht beeinflussen. Wird der Kamm und der Kehllappen eines Gockels rot angepinselt, ist dieser Hahn schlagartig der Schwarm aller Hennen. Bekommt er aber einen gelblichen oder braunen Anstrich ab, dann wird er verschmäht und es hat sich für ihn sexuell ausgegockelt.

Wenn es aber doch so wichtig ist, die Parasiten auf der Haut des potentiellen Geschlechtspartners zu analysieren, warum kuscheln wir dann lieber im Dunklen als im Hellen? Sollten wir nicht besser immer eine Lupe griffbereit neben dem Bett liegen haben?

Wir Menschen haben uns angewöhnt, die Inspektion und Wahl der Partner zeitlich vom Vollzug des Aktes abzukoppeln. Würden Sie jemanden im Dunkeln unter Ihre Decke lassen, den Sie nicht vorher bei Tageslicht oder zumindest in der Disko-Eingangsraumbeleuchtung beäugt haben? Wahrscheinlich nicht.

Wir haben unser Urteil über den nun unter unsere Decke Schlüpfenden schon vorher gefällt. Das Urteil lautete: Parasitenfreispruch.

Auch wenn der eben Hineingeschlüpfte nicht ganz perfekt ist, lassen wir uns den Spaß nicht von einigen Hautunebenheiten verderben. Wir können unseren Bettgefährten ja mit zartem Licht verschönern. Denn unsere von der Evolution ins Hirn gebrannte Vorliebe für glatte Haut können wir nicht abschalten. Das Licht aber schon!

Des Lächelns harter Kern – die Zähne

Ihre Augen funkelten begierig. Katzengleich schritt sie auf mich zu. Ihr schwarzes Haar und ihre tiefbraunen Augen ließen mir den Atem stocken. Als sie nur einige Handbreit vor mir stand, lächelte sie und ihre spitzen Krokodilzähne funkelten mich an. Verlegen lächelte ich zurück...

Warum sind Krokodilzähne unerotisch? Warum wünschen wir uns glänzende weiße Zähne? Warum sollen sich funkelnde Perlenketten schnurgerade durch unseren Mund und durch den Mund unseres Partners ziehen? Warum sollen unsere härtesten und gefährlichsten Körperteile den Blick auf sich lenken?

Sie denken sicherlich: Warum fragt der denn schon wieder so? Es ist doch klar, weswegen wir die Zähne anstarren: wegen der Parasiten!

Sie haben recht. Sichtbare Karies und weggefaulte Zähne sind recht zuverlässige Verhütungsmittel. Wenn es aber wieder nur um die üblichen Verdächtigen – die Parasiten – geht, warum stören uns dann schiefe Zähne? Auch mit ein paar schrägen Zähnen können wir kraftvoll in einen Apfel oder in ein Steak beißen. Trotzdem boomt die Kiefernorthopädie und -chirurgie – aus kosmetischen Gründen. Was aber sind die evolutionären Gründe hinter den kosmetischen Gründen?

Bei Tieren mit Kopf ist der Kopf der komplizierteste und vertrackteste Teil des Körpers. Zum wichtigsten Teil des Kopfes, dem Mund, gesellten sich im Laufe der Zeit Nase, Augen, Ohren, Gehirn, Zähne, Zunge, Kehlkopf und noch vieles andere mehr. Die Evolution des Kopfes verlief aber, typisch Evolution, nicht wohldurchdacht, sondern eher »kopflos« durch wildes Herumgewerkel. Immer wurde das, was gerade da war, zu irgendetwas anderem umgeformt. Im Kopf wurde dabei viel hin und her geschoben. Das erkennt man zum Beispiel daran, dass heute die Nerven in unserem Kopf chaotische Schleifen bilden.

Nirgendwo sonst im Körper sind so viele unterschiedliche Funktionen auf so engem Raum vereint. Wenn nach erfolgreichem und folgenreichem Sex ein neuer Erdenbürger heranwächst, dann ist die korrekte Ausbildung des Kopfes eine knifflige und störungsanfällige Angelegenheit. Nur wenn die Embryonalentwicklung planmäßig und störungsfrei läuft, wird alles am rechten Fleck sein.

Wenn unser neuer Erdenbürger irgendwann Sexualpartner werden möchte, muss er sich auf Parasitenfreiheit und gelungene Embryonalentwicklung hin prüfen lassen. Weil die Prüfer des anderen Geschlechts keine Röntgenaugen haben, um ihn auf Herz und Nieren zu prüfen, lenken sie ihre Blicke auf das Äußere des Prüflings. Wenn alle Zähne wohlgeordnet an ihren Plätzen stehen, dann kann mann/frau daraus schließen, dass wohl auch die anderen, inneren Körperteile wohlgeordnet sein werden. Es hat sich in den letzten Millionen Jahren evolutionär bewährt, von den Zähnen eines möglichen Geschlechtspartners auf dessen »innere Werte« zu schließen.

Hier nur eine kurze Geschichte zur Geschichte der Zähne. Die Zähne entwickelten sich aus verhärteten Hautfalten und sind mit den Haaren und den Federn verwandt. Die Säugetiere sind die einzigen Wirbeltiere, deren Zähne so angeordnet sind, dass die Zähne von Ober- und Unterkiefer genau zusammenpassen. Damit lässt sich effektiver nagen, schaben, abbeißen, zupacken, zerreißen und zermahlen als mit den einfach so herumstehenden spitzen Zähnen der Echsen. Allesfresser wie Schwein und Mensch haben sogar verschiedene Werkzeuge für verschiedene Nahrung gleichzeitig im Kiefer. Die Vielfalt und die Effektivität der Beißerchen haben dazu geführt, dass die Säugetiere sehr viele verschiedene ökologische Nischen besetzen konnten. Nur die auch sehr gut bemundstückten Insekten können Vergleichbares vorweisen.

Wer Weihnachtsplätzchen in Zahnform backt, nennt sein Naschwerk stolz Selbstgebackenzähne.

Haarsträubende Enthüllungen – das Fell

Nach dem Einkauf war endlich Zeit für den Friseur. Der Friseur hatte viel zu tun. Erst den Pony stutzen, dann die Ohren frei. Auf Rücken, Bauch und an den Beinen wie immer Bürstenhaarschnitt, fünf Millimeter. Nur auf der Brust, den Armen und den Schultern lasse ich gern die Haare etwas länger stehen. Auf der Brust habe ich einige blaue Strähnchen und an den Schultern einige Locken. Ich liebe es, mit stilvoll arrangiertem Fell umherzulaufen. Der Mensch zeigt mit seinem Fell ja auch etwas von seiner Persönlichkeit. Nur gut, dass wir ein so schönes Fell haben.

Wieso wenden wir Zeit, Geld und Mühe dafür auf, unser Fell an der einen Körperstelle zu pflegen und es an anderer Stelle mit allen Mitteln zu beseitigen? Wieso finden wir Haare an der Stelle A erotisch, während Haare an der Stelle B bei uns Widerwillen hervorrufen? Wieso kaufen wir uns gleichzeitig Mittel für und gegen Haarausfall?

Um dies zu ergründen, müssen wir die Frage stellen: »Warum sind wir *fast* nackt?«

All unsere primatige Verwandtschaft zieht gut behaart durch die Urwälder. So taten es auch unsere Vorfahren, bis ihnen nach und nach der Urwald abhanden kam. Durch Klimaänderungen wurde das Gebiet, in dem sie lebten, immer trockener. Die Wälder wurden lichter und irgendwann Savanne. Nun gab es mehrere Probleme. Oder wie wir heute sagen würden: mehrere Herausforderungen.

Die erste Herausforderung war: Es gab keine Früchte mehr! Unsere Vorfahren lebten bis dahin in Symbiose mit den Bäumen. Sie wurden von den Bäumen mit Früchten durchgefüttert und übernahmen dafür die Aufgabe des Samen-durch-die-Gegend-Kotens. Nun hockten sie in der Savanne und die spendablen Futter-Selbstbedienungs-Symbionten waren bis auf ein paar dürre Bäumchen verschwunden. So hieß es: jagen und graben. Weil die Abstände der Bäume immer größer wurden, und unsere Vorfahren nicht lernten, von Baum zu Baum segeln, gingen sie zu Fuß. Anfangs noch im lichten Wald, dann aber bald in freier Steppe. Dort wartete die zweite Herausforderung. Die Sonne brannte unbarmherzig auf ihr Fell hernieder. Es gab kaum einen schattenspendenden Baum, geschweige denn ein Blätterdach. Die Alternative, in der Hitze zu ruhen und sich nachts auf Wanderschaft zu begeben, kam auch nicht mehr infrage. Die Augen unserer Vorfahren waren an Tageslicht angepasst und den Augen der am Boden umherschleichenden nachtaktiven Großkatzen deutlich unterlegen.

Ein Fell hilft, Wärme im Körper zu halten. Wer aber dutzende Kilometer im Laufschritt durch die mittägliche ostafrikanische Savanne läuft, um eine Antilope zu verfolgen, der braucht kein Fell als Wärmedämmung. Wer als Langstreckenläufer und -jäger erfolgreich sein will, braucht eine Kühlung.

Wie aber kann im Körper eine Temperatur von 37 °C gehalten werden, wenn draußen eine Hitze von 45 °C herrscht? Wie kann man die Wärme dazu überreden, vom Kalten ins Warme zu fließen? Die raffinierte evolutionäre Lösung, die unter braver Einhaltung des zweiten Hauptsatzes der Thermodynamik diesen Wärmetransfer vollbringt, heißt: Schwitzen.

Angenommen, durch Sonne und Herumlaufen hat sich die Körpertemperatur erhöht und Kühlung ist nötig. Dann gibt der

Körper Wasser durch Drüsen auf die Haut. Der Schweiß besteht aus vielen Wassermolekülen, die wild hin und her zappeln. Je wärmer das Wasser, desto schneller schwirren die Moleküle. Die Wassermoleküle haben nicht alle die gleiche Geschwindigkeit. Die Moleküle schubsen und rempeln ständig aneinander. Einige Wassermoleküle sind für kurze Zeit schneller als der Durchschnitt, andere etwas langsamer.

Das ausgeschwitzte warme Wasser steht nun plötzlich mit der trockenen Savannenluft in Kontakt. Die wichtigen Dinge geschehen an der Grenze von Wasser und Luft. In der Flüssigkeit bewegen sich die Wassermoleküle immer geradeaus, bis sie mit einem anderen Wassermolekül zusammenstoßen. Nach dem Zusammenprall schwirren dann die Moleküle in irgendeine Richtung im Wasser weiter. Nahe der Oberfläche kann es einem Wassermolekül geschehen, dass es kein anderes Wassermolekül mehr trifft, sondern in die Luft hinausschießt. Das passiert aber nur den schnellsten, energiereichsten Wassermolekülen. Langsame Wassermoleküle werden von den elektrostatischen Kräften zwischen den Wassermolekülen zurückgehalten. Diese Anziehungskräfte zwischen den Molekülen sind es, die das Wasser eine Flüssigkeit sein lassen. Nur die flinksten Moleküle überwinden die Anziehungskräfte und fliegen mit ihrer Bewegungsenergie davon. Wenn die schnellsten Moleküle verdunsten, wird die Durchschnittsgeschwindigkeit der verbliebenen Wassermoleküle kleiner. Das Wasser auf der Haut wird kühler und kühlt so den Körper.

Die Kühlung funktioniert also nur, wenn sich der zu Kühlende immer mit viel Wasser versorgt, was in der trockenen Savanne eine schwierige und gefährliche Aufgabe sein kann. Und die Verdunstungskühlung funktioniert nur bei trockener Luft. In feuchtheißen Gebieten hilft alles Schwitzen nicht, denn die Luft ist schon mit Wasser gesättigt.

Weil also *homo erectus* immer mehr Spaß daran hatte, mittags durch die Gegend zu rennen, können wir heute Striptease bestaunen. Schwitznasse Nacktheit als Jagdwaffe, mit der wir in der Lage waren, Antilopen bis zum Hitzekollaps zu hetzen, erklärt allerdings noch nicht, warum Männer für das Beschauen nackter Haut Geld ausgeben. Es gibt noch einen anderen, sexuellen Grund für Nacktheit. Die Weibchen unserer nächsten behaarten Verwandtschaft – der Schimpansen und Bonobos – haben an ihren fruchtbaren Tagen eindrucksvolle Schwellungen im Genitalbereich. Alles Denken, Fühlen und Wollen der Männchen zielt auf diese gut sichtbare, gut durchblutete, nackte Körperregion. Als unsere Vorfahren *Australopitheci* die Wanderlust packte und sie immer aufrechter gingen, wurden diese Schwellungen hinderlich beim Gehen. Die Schwellungen entwickelten sich zurück. Um aber die Männergehirne weiterhin zu faszinieren, brauchte es einen reizenden Ersatz. So wurden die weiblichen Gesäßbacken fülliger und nackter. Wenn Nacktheit an einer Körperstelle erregend ist, dann ist noch mehr nackte Haut noch erregender. Auch heute zeigen Frauen an ihren fruchtbaren Tagen mehr Haut als an anderen Tagen. Nacktheit als Zeichen für fruchtbare Tage könnte unsere Enthaarung beschleunigt haben. Diese Deutung der Nacktheit ist wohl auch der Grund dafür, dass uns Brusthaarlosigkeit bei Frauen so wichtig ist, ein paar Brusthaare bei Männern aber toleriert werden. Ganz sicher ist diese These allerdings nicht, weil niemand weiß, ob unsere Vorfahren zu dieser Zeit wirklich Fruchtbarkeitsschwellungen hatten. Gorillas, die unsere drittengsten Verwandten sind, haben zum Beispiel keine auffälligen Schwellungen.

Warum aber haben die Stripteasetänzer und -tänzerinnen keine erotische Glatze? Das auf uns herabsengende Zentralgestirn macht den Nutzen von Haupthaar brennend deutlich. Das Fell an unserem oberen Ende schützt das Hirn vor Überhitzung, währenddessen die sonstige Körperoberfläche als unbehaarter Rieselkühler arbeitet. Nur für die Augenbrauen und Schambehaarung als Schweißfänger und die Achselbehaarung als Geruchsbotenstoffverteiler werden noch ein paar weitere Haare benötigt.

So wie schnurgerade Zahnreihen, so zeigen uns diejenigen Haare, die genau an den erwarteten Stellen wachsen, dass die Embryonalentwicklung nach Plan gelaufen sein muss. Wir haben eine recht genaue Vorstellung davon, wo an einem Kopf Haare zu wachsen haben und wo nicht. Wessen Haare nicht diesen Vorstellungen entsprechen, der wird in Hinblick auf eine eventuell in Erwägung zu ziehende Genvermischung mit einer gewissen Skepsis betrachtet. Unsere Vorliebe für volles Haupthaar und kahle Bäuche übt den Selektionsdruck aus, oben schön wuschelig und unten schön glatt zu sein. In den nicht mehr fruchtbaren Jahren, wenn der Selektionsdruck der Partnerwahl keine Wirkung mehr ausübt, lässt die Haarpracht der Frauen dann ein wenig nach. Und bei Männern lässt die Haarpracht im Alter sehr stark nach. Nach einer Hypothese liegt der Grund dafür darin, dass Primatenmännchen mittels vorschnell entstehender Geheimratsecken ein etwas höheres Alter vortäuschen können. Da der Rang eines Männchens in der Horde meist mit dem Alter steigt, lässt sich so mit hoher Stirn eher eine hohe Position erreichen. Und die korreliert mit dem Fortpflanzungserfolg. Was sich in jungen Jahren bewährt, wird im Alter nicht mehr abgeschaltet. Dieser Mechanismus lässt bald die Glatze glänzen. Auch funktioniert die Unterdrückung des Haarwuchses auf der sonstigen Haut im Alter oft nicht mehr so gut. So sieht es manchmal bei älteren Herren aus, als seien die Haare vom Kopf auf den Körper heruntergewandert.

Angesichtssache – das Gesicht

Zwei Wochen nach der Krönung des jungen Königs wurde es nun Zeit, ein offizielles Portrait anfertigen zu lassen. Die Minister beratschlagten darüber, wie das Portrait des Königs auszusehen habe. Über den Hintergrund, von welcher Seite das Licht einfallen und wie der König die Insignien der Macht präsentieren solle, darüber waren sich die Minister schnell einig. Doch über den Gesichtsausdruck des Königs wurde lange und heftig gestritten. Soll das sonnige

Gemüt des jungen Königs wie auf seinen Prinzenbildern durch ein breites Lächeln zur Geltung kommen? Aber geziemt es sich nicht für einen König, gerade in der angespannten politischen Lage, ernst und souverän zu blicken? Doch wie sähe das aus? Das knabenhafte Gesicht des Königs würde aussehen wie ein Junge, dem man das Spielzeug weggenommen hat. Die Minister berieten lange und holten sich Rat bei Malern und Bildhauern und fragten sogar den alten Hofnarren, ehe sie ihren Entschluss fällten. Sie beschlossen, der König solle ...

Wenn Sie ein Stück Streuselkuchen essen möchten, betrachten Sie zuerst die Streusel. Sie betrachten die Farbe, die Struktur und die Form der Streusel. Was wissen Sie dann über den Geschmack des Kuchens? Können Sie durch das Betrachten der Kuchenoberfläche auf das Innere des Kuchens schließen?

Können Sie durch das Betrachten der Körperoberfläche, dort wo sich der Schlund und einige Sensoren befinden, auf den Charakter eines Menschen schließen? Wieso sind uns diejenigen Hautpartien und Erhebungen, die wir Gesicht nennen, so wichtig, dass wir viele Entscheidungen unseres Lebens – wie zum Beispiel die Partnerwahl – davon abhängig machen?

Parasiten und Alter

Unser Gesicht ist dasjenige Stück Haut, das wir jedem zur Inspektion entgegenstrecken. Jeder erkennt auf einen Blick das Ausmaß des Parasitenbefalls und den Fortschritt unseres Alters. Wegen der exponierten Lage des Gesichts sind uns Pickel dort deutlich unangenehmer als am Gesäß.

Weil unsere Gesichtshaut dutzende oder gar hunderte Mal täglich von anderen Menschen begutachtet wird, erhalten die wenigen Quadratzentimeter mehr Pflege als die übrige Haut zusammen. Um unser umsatzförderndes Bemühen um makellose Haut anzufeuern, lächeln uns täglich bis ins allerletzte Pixel geglättete Werbegesichter an. Und wir lächeln nicht zurück.

Gute Embryonalentwicklung

Wie bei den Zähnen schon beschrieben, hat der Kopf eine komplizierte Geschichte. Als unsere Vorfahren im Meer noch wurmartig, aber schon ein bisschen fischig waren, da sahen sie aus wie das Lanzettfischchen, das Sie aus dem Bio-Unterricht vielleicht noch in Erinnerung haben. Diese unsere Vorfahren hatten damals viele Kiemenbögen, durch die sie Wasser atmeten. Vier dieser Bögen wurden nach und nach zu Kiefern, Gehörknöchelchen, Kehlkopf, vielen anderen kleinen Knochen sowie zu den Blutgefäßen, den Muskeln und den Nerven im Kopf. An kaum einem anderen Körperteil müssen im Laufe der Embryonalentwicklung so viele genetische Schalter ein- und ausgeschaltet werden wie am Kopf. Und die Embryonalentwicklung läuft unter ständigem Störfeuer ab. Sie wird von Pflanzen gestört. Viele von uns verzehrte Pflanzenteile enthalten Stoffe, die die Embryonalentwicklung ihrer Feinde, der Pflanzenfresser, stören sollen. Wenn ein Genschalter wegen dieser Störungen, Krankheit oder Mutationen nicht funktioniert haben sollte, ist dies am Kopf gut zu erkennen. Die Abwesenheit von Hasenscharten und Ähnlichem gibt uns Auskunft über eine hohe Schaltgenauigkeit der Gene. Das Gesicht ist wie eine komplizierte Barock- oder Rokokofassade, an der man erkennen kann, ob die Bauarbeiter schlampig gearbeitet haben oder nicht.

Exzellente Embryonalentwicklung

Um sicher beurteilen zu können, ob ein Haus wirklich korrekt nach Bauplan gebaut wurde, müsste man dessen Bauplan kennen. Hat man keinen zur Hand, könnte man stattdessen mehrere Häuser miteinander vergleichen, die nach dem gleichen Bauplan gebaut wurden. Alle Abweichungen der Häuser voneinander deuten auf Baumängel hin. Wenn zwei Häuser völlig identisch errichtet wurden, ist bei beiden der Bauplan genau eingehalten worden. Denn es ist sehr unwahrscheinlich, dass bei zwei Häusern die gleiche Nachlässigkeit mit völlig gleich aussehenden Resultaten passiert ist.

Gleichheit ist ein sicheres Zeichen für Qualität. Womit aber kann mensch die potentielle Mutter bzw. den potentiellen Vater der zukünftigen Kinder vergleichen? Soll mensch fragen, ob sie bzw. er einen eineiigen Zwilling hat und dann beide nebeneinander stellen? Was tun, wenn sie oder er keinen eineiigen Zwilling hat?

Wenn keine Zwillinge verfügbar sind, dann kann mensch auch die beiden Halblinge miteinander vergleichen. Um die Bauausführung des sich als Geschlechtspartner Anbietenden zu prüfen, vergleiche mensch den linken mit dem rechten Halbling. Wenn beide Hälften identisch gespiegelt sind, dann waren hervorragende Embryobaumeister am Werk. Weil die Übereinstimmung von linker und rechter Körperhälfte ein so gutes Qualitätskriterium ist, finden wir symmetrische Gesichter schön. Je mehr ein Gesicht der idealen Symmetrie nahekommt, umso schöner erscheint es uns. Allerdings ist hier die Evolution nicht unerbittlich. Die üblicherweise in normalen Gesichtern auftretenden kleinen Abweichungen von der idealen Symmetrie werden kaum wahrgenommen. Wir achten nur wenig auf den Unterschied zwischen »ziemlich symmetrisch« und »perfekt symmetrisch«. Meist ist eine Gesichtshälfte etwas größer, das stört aber überhaupt nicht. Es ist sogar so, dass uns supersymmetrische Gesichter, wie man sie heute im Computer erzeugen kann, ein bisschen künstlich vorkommen und nicht ganz so attraktiv erscheinen wie die nur fast symmetrischen Gesichter. Bei größeren Abweichungen von der Symmetrie aber ist unser ästhetisches Empfinden wachsam. Schiefe Nasen fallen schnell auf. Wenn ein Romanschreiber eine seiner Figuren ein schiefes Lachen haben lässt, dann will er damit meist einen unsympathischen Charakter kennzeichnen. Wem bei einer Nasen- oder Zahnoperation versehentlich ein Gesichtsmuskelnerv durchtrennt wurde, der kennt den unangenehmen Effekt asymmetrischer Gesichtsausdrücke. Das heißt, seine Mitmenschen kennen diesen Effekt.

Die Vorliebe für Symmetrie ist nicht nur auf menschliche Gesichter begrenzt. Symmetrische Partner werden von vielen Tieren bevorzugt. Alle einigermaßen weit entwickelten Gehirne können sehr schnell Symmetrie erkennen, weil sie eine einfach zu erkennende Struktur ist. Symmetrie macht sexy und schön. Stellen Sie sich eine grob unsymmetrische gotische Kathedrale vor! Den Kölner Dom mit zwei verschieden hohen Türmen! Was würden Sie über den Baumeister denken?

Durchschnitt – überdurchschnittlich schön?

Es gibt die These, die schönsten Gesichter seien durchschnittliche Gesichter. Als man Bilder mehrerer Menschen gemeinsam auf ein Fotonegativ belichtete, stellte man fest, dass dieses Mischbild deutlich attraktiver war als jedes Einzelgesicht. Später wurden Digitalfotos übereinandergelegt, elektronisch gemittelt und wieder war das Ergebnisgesicht deutlich schöner als fast alle Ursprungsgesichter. Es wurde die These aufgestellt, der Durchschnitt aller Gesichter sei am schönsten. Solch schöne Gesichter können Sie bestaunen, wenn Sie im Internet nach dem Stichwort »Durchschnittsgesicht« oder »facial average« suchen.

Beim Aufstellen der These wurde aber übersehen, dass nicht nur die Gesichtsformen aller Ursprungsfotos von der Software gemittelt wurden, sondern auch deren Pickel. Da jeder Mensch seine Pickel ganz individuell an anderer Stelle zu tragen pflegt, wird beim Berechnen des Durchschnittsgesichts jeder Pickel mit 99 Nicht-Pickeln gemittelt und damit unsichtbar. Ein durchschnittlich geformtes Gesicht mit überdurchschnittlich glatter, reiner Haut ist eben überdurchschnittlich schön.

Wie stark die Hautglättung auf unser Urteil wirkt, kennt jeder vom Schminken. Im Video »Evolution« von »Dove« wird dies vorgeführt. Dort wird ein »Mädchen von nebenan« mit normalen Hautunregelmäßigkeiten durch gute Belichtung, dem Auftragen von Schminke und mithilfe einer Bildbearbeitungssoftware in eine Plakatschönheit verwandelt.

Neuere Untersuchungen zum Durchschnittsgesicht haben sich ausschließlich auf die Formen der Gesichter konzentriert, die

Haut blieb unverändert. Das sich so ergebende Gesicht mit durchschnittlicher Gesichtsform und normaler, ungebügelter Haut war nur durchschnittlich attraktiv – immerhin. Was macht die Gesichter, die überdurchschnittlich schön sind, so schön?

Jugend

An weiblichen Gesichtern wurde die naheliegende These getestet, dass Jugendlichkeit die Attraktivität erhöht. Man veränderte unterschiedliche Frauengesichter auf Fotos mithilfe des Kindchenschemas. Durch die sich daraus ergebene Verjüngung erschienen die Frauen allen Befragten hübscher als die Frauen auf den Ausgangsbildern. Bei den schon von Haus aus sehr attraktiven Gesichtern wirkte dieser Effekt allerdings weniger stark. Aus einem einfachen Grund: Diese Gesichter sind schon von Hause aus kindlicher als andere. Die Verkindlichung verschönt nur soweit, bis Gesichter entstehen, die etwa 15-/16-jährigen Teenagern entsprechen. Wird das Gesicht weiter in Richtung Kindchenschema manipuliert, ergibt dies Kinder, die zwar auch süß sind, aber nicht als attraktiv oder begehrenswert wahrgenommen werden.

Es gibt viele Gesichtsmerkmale, die sich im Laufe des Alters im Gesicht ändern. Die Nasenspitze zum Beispiel senkt sich im Laufe des Lebens ein wenig. Die Vorlieben bezüglich dieser Merkmale zielen immer auf den Zustand, den sie bei Teenagern haben. Man nimmt an, dass die größeren Augen junger Menschen dabei eine besonders starke Wirkung haben. Schauen sie sich Manga-Figuren an oder Barbie. Große Kulleraugen und ein kleines Näschen, dessen Spitze gen Himmel weist. Wenn alle Vorlieben in Richtung »jung« deuten, woran lässt uns die Evolution den Unterschied zwischen Kind und Frau erkennen? In der Pubertät werden durch das Östrogen die Lippen fülliger, die Pausbacken wölben sich nach innen und die Wangenknochen heben sich heraus. Peinlich unangenehm wird dies deutlich an Kinder-Fotomodellen, denen diese erwachsenen weiblichen Merkmale angeschminkt wurden.

Man könnte sich evolutionsbiologisch ein bisschen über die Bevorzugung der Teenagergesichter wundern, denn 20-jährige Frauen sind doch viel fruchtbarer als 15-jährige Frauen. Manche argumentieren, dass eine (verheiratete) 15-Jährige im Laufe ihres Lebens ihrem Mann mehr Kinder schenken kann als eine (verheiratete) 20-Jährige und deshalb bevorzugt wird. Es sind aber Zweifel daran erlaubt, dass lebenslange Ehen vor Einführung von Patriarchat und Privatbesitz der allgemeine Standard waren. Man kann ja auch annehmen, Männergehirne sind einfach generell auf »jung« getrimmt. Da die meisten Frauen, mit denen ein Mann zu tun hat, weder 15 noch 20 sind, stört die nicht ganz zielgenaue Wunschalter-Vorgabe nicht.

Frauen beurteilen Frauengesichter übrigens nach den gleichen Kriterien wie Männer. Wenn Männer durch einen erlesenen Frauengeschmack evolutionär besonders erfolgreich waren, dann erbten nicht nur ihre Söhne, sondern auch ihre Töchter diesen Geschmack. Und es ist für Frauen nicht von Nachteil zu wissen, wie die Konkurrentinnen auf Männer wirken.

In Zeichentrickfilmen und Computeranimationen werden die weiblichen Filmhelden immer großäugiger und spitznasiger. Als Gegenbewegung dazu entwickeln sich die leibhaftigen Schauspieler in die entgegengesetzte Richtung. Als das Medium Film noch neu war, konnten die Schauspielerinnen nicht kindlich-großäugig genug sein. Weil Hollywood aber zu mehr als 50 Prozent vom weiblichen Publikum finanziert wird, das sich mit den Rollen identifizieren will, wurden die Schauspielerinnen im Laufe der Jahrzehnte erst feminin erwachsener und später auch etwas maskulin souveräner.

Zarte Männlichkeit

Was ist mit Männergesichtern? Sind extrem männliche, von Testosteron geformte kantige Gesichter die schönsten? Oder knabenhafte, gar mädchengleiche Gesichter? Der gleiche Test mit der Verschiebung hin zu mehr Kindlichkeit wurde mit männlichen Gesichtern gemacht. Fehlanzeige. Die Gesichter schöner

Männer wurden knabenhafter, aber nicht nennenswert schöner. Die Gesichter weniger attraktiver Männer wurden aber ansehnlicher. Anschließend wurden durchschnittliche und besonders schöne Männergesichter vermessen und verglichen. Schöne Männer haben weiblichere Gesichtszüge als die durchschnittlich attraktiven Männer. Selbst die Lippen schöner Männer konnten weiblich fülliger sein. Mögen dann heterosexuelle Frauen also das Gleiche wie homosexuelle Frauen? Es gibt einen wichtigen Unterschied. Das kernige kantige Kinn. Vereinfacht dargestellt, macht das Kinn den Unterschied zwischen einer schönen Frau und einem schönen Mann.

Gehen wir mal ganz klischeehaft an die Sache heran. Angenommen, Sie müssen das Dach neu decken lassen. Zum Termin mit dem Dachdeckermeister erscheint ein vierschrötiger (viereckig zugehauener) Kerl. Über diesen Mann mit einem breiten viereckigen Gesicht wie das von Helmut Kohl oder Gerhard Schröder wundern Sie sich nicht und besprechen mit ihm alles Notwendige.

Am nächsten Tag bringen Sie Ihr Vorschulkind zur musikalischen Früherziehung. Und auch dort werden Sie von so einem Klotz von Mann begrüßt, der sich dann um Ihr Kind kümmert. Hier wundern Sie sich dann ein bisschen.

Und nun beide Situationen noch einmal. Diesmal ist aber ein ganz zarter knabenhafter Mann zuerst der Dachdeckermeister und dann der Kinderbetreuer. Wann wundern Sie sich jetzt?

Angenommen, Sie sind eine Frau, möchten heiraten und noch ein paar Kinder mehr bekommen. Sie flirten mit dem kernigen Dachdeckermeister, dem ein gut laufender Betrieb gehört, und mit dem knabenhaften Musiklehrer, von dem alle Kinder begeistert sind. Beide Männer sind echt nett. Für welchen entscheiden Sie sich? Beim Dachdeckermeister haben Sie das Gefühl, dass Sie sich um die Kinder alleine werden kümmern müssen, und beim Musiklehrer sind Sie sich nicht ganz sicher, ob er sich immer im Leben so durchsetzen wird, wie Sie sich das wünschen. Von jedem ein Kind wäre ganz passabel, aber beide heiraten funktioniert nicht. Und dann taucht Er auf. Der Mann so zart wie ein Musiklehrer und mit einem Kinn so fest und stark wie das eines Dachdeckermeisters. Und sofort wissen Sie, mit wem Sie den Rest Ihres Lebens verbringen wollen (oder zumindest glauben Sie, es in diesem Augenblick zu wissen).

Der zarte Mann mit kantigem Kinn ist beliebt. Und in seiner »ganz jung«-Ausführung ist er die typische Boygroup-Besetzung.

Auch im Kino, wenn der Mann am Schluss geheiratet wird, muss so ein zartes, aber gut bekinntes Exemplar dran glauben. Muss der Mann nur kämpfen und darf zwischendurch kurz ein Bond-Girl haben, dann darf er etwas kantiger, etwas viereckiger sein.

Der Wunsch nach einem schönen Mann vom Typ George Clooney ist das Ergebnis eines Optimierungsproblems. Um möglichst viele Enkel zu haben, wünscht sich Frau Söhne mit Alphamännchen Qualitäten. Denn sie weiß, dass alle Frauen auf diese Sorte Mann stehen. Und sie möchte einen Partner haben, der sich liebevoll um sie und ihre Kinder kümmert. Weil es in unserer Vorgeschichte sehr lange Zeiten gab, in denen die einzige Möglichkeit der Genweitergabe für Männchen darin bestand, Alphamännchen zu sein, gibt es wirksame Mechanismen, die in diese Richtung zielen. Ein wichtiger Mechanismus ist, viel Testosteron zu haben und damit viel Muskelmasse und viel Aggressivität aufzubauen. Viel Testosteron führt in der Pubertät zu einem breiten Gesicht und einem ausgeprägten Kinn. Studien zufolge führen Männer mit breitem Gesicht Betriebe erfolgreicher und erreichen Männer mit starkem Kiefer beim Militär höhere Dienstgrade.

Irgendwann einmal in der Savanne gab es keine Alphamännchen mehr. Weil die Kinderaufzucht wegen der Härte des Savannenlebens schwer war, fingen die Frauen an, Männer an sich zu binden. Die auf Testosteron gebürsteten aggressiven Kämpfer waren als Kinderbetreuung denkbar ungeeignet. Für die Frauen hieß es, sich mit denen einzulassen, die nicht gar so sehr an Testosteron litten. Diese etwas umgänglicheren Männchen waren an weiblicheren, jugendlicheren Gesichtszügen zu erkennen.

Frauen haben nun zwei Möglichkeiten, dieses Optimierungsproblem zu lösen: Erstens, sie finden genau den Mann, der beide Eigenschaften in ausreichendem Maße miteinander verbindet. Hier besteht die Kniffligkeit darin, dass Angebot und Nachfrage nicht übereinstimmen (sonst wäre George Clooney ja nicht so berühmt geworden). Die andere Methode ist die Doppelstrategie, sich einen Mann fürs Zeugen und einen Mann fürs Kinderpflegen zuzulegen. Aber das ist auch nicht immer ganz einfach umzusetzen. Der schwankende Männergeschmack von Frauen zielt ein wenig in Richtung der zweiten Methode, denn an ihren fruchtbaren Tagen bevorzugen Frauen geringfügig kantigere, testosteronigere Typen als an den anderen Tagen, an denen die Männer etwas femininer sein dürfen.

Ver- und Vorbeigeflosse

Das Bild der Menschen, mit denen jemand aufwuchs, beeinflusst seine und ihre Vorlieben. Aus der Summe aller Menschen, die wir in unserem Leben gesehen haben, extrahiert unser Gehirn einen Prototyp. Frauen, die in englischen Mädchenschulen aufwuchsen, bevorzugen etwas femininere Männer als die Mädchen aus gemischten Schulen. Menschen, mit denen wir soziale, emotionale und/oder sexuelle Erfahrungen gemacht haben, beeinflussen unser Wunschbild eines Partners sehr stark. Gern wählen wir Partner, die unseren Eltern ähneln.

Nun gehören auch die superschönen Menschen aus Werbung, Fernsehen und Internet zu unserem sozialen und sexuellen Umfeld. Die Prototypen in unserem Kopf werden immer schöner und die Menschen, denen wir auf der Straße, im Büro und im Bett begegnen, erscheinen uns daher immer hässlicher. Wir sollten dafür sorgen, dass die angenehmen Erlebnisse mit realen Menschen viel intensiver geraten und sich tiefer ins Gehirn einprägen als die Erlebnisse mit den virtuellen Menschen.

Wer da?

Viele Tiere erkennen einander am Geruch. Zebrakinder erkennen ihre Mütter an den Streifen. Und wir erkennen uns an unseren Vorderkopfprofilen. Das Gesicht ist aber nicht das einzige markante Körperteil der Primaten. Der bekannte Primatenforscher Frans de Waal konnte in einer preisgekrönten Studie zeigen, dass Schimpansen sich auch am Hinterteil erkennen können. Wenn man bedenkt, wie oft und wie lange der männliche Blick in diesen Regionen weilt, wären die meisten Männer beim Geschlecht ihrer Wahl sicherlich auch dazu in der Lage.

Wie da?

Um als Person eindeutig identifizierbar zu sein, wäre es doch ausreichend, wenn wir – wie damals die antiken Schauspieler im Amphitheater – eine markante Maske tragen würden. Wir tragen aber ein Gesicht und keine Maske. Was macht aus einer Maske ein Gesicht?

Bei einem sehr emotionalen Ereignis – einem Orgasmus zum Beispiel – spannen sich verschiedene Muskeln des Körpers an und entspannen sich wieder. Sie lassen uns dabei unbewusst viele Dinge tun. So ähnlich wirken Emotionen auch auf unsere Gesichtsmuskeln.

Orang-Utan-Kinder lernen in den ersten fünf Jahren ihres Lebens, in denen sie an der Mutter hängen, am Gesichtsausdruck der Mutter zu lesen, was essbar ist und was nicht. Stellen Sie sich vor, Sie sehen jemandem zu, der in eine Zitrone beißt. Das typische Zitronengesicht sagt Ihnen viel über den Geschmack der Zitrone.

Bei Gefühlen wie Angst und Wut geschehen im Körper viele Dinge, die ihn auf Kampf und Flucht vorbereiten. So werden auch immer einige Gesichtsmuskeln mit angespannt. Wozu soll das gut sein? Lässt sich ein hungriger Leopard mit einem heftigen Stirnrunzeln vertreiben?

Unsere Vorfahren interagierten glücklicherweise öfter mit ihren Artgenossen als mit Leoparden. Wenn dem nicht so gewesen wäre, könnten Sie nicht dieses Buch lesen. Wenn Sie also heutzutage in die Nähe eines Ihrer Artgenossen kommen, so ist es für diesen Artgenossen oft ganz nützlich, nicht nur zu wissen, wer Sie sind, sondern auch: wie Sie sind.

Wenn Sie mit Artgenossen einen Geburtstag feiern und ein Artgenosse macht eine flapsige Bemerkung über Ihre neue Frisur, dann fühlen Sie sich angespannt und unwohl. Und wenn dieser von vergorenen Früchten berauschte Artgenosse weiter unpassende Bemerkungen über Ihr Privatleben macht, dann werden Sie aggressiv und schlagen wutentbrannt auf diesen Artgenossen ein. Es gehen viele Gläser zu Bruch, die Feier ist zu Ende und Sie werden nie wieder eingeladen, wenn Jagdbeute geteilt wird.

Dieses Malheur wäre vermeidbar gewesen, wenn Sie Ihre Emotionen angezeigt hätten. Den herumsitzenden Artgenossen wäre wegen Ihres angespannten Gesichtsausdrucks schnell klar geworden, dass hier ein Konflikt aufkeimt. Die Artgenossen hätten die körperliche Auseinandersetzung verhindern können, indem sie das Gesprächsthema schnell auf den neusten Kinofilm umgelenkt hätten. So können kleine Gesichtsmuskelanspannungen unangenehme Blutergüsse und ausgeschlagene Zähne vermeiden. Artgenossen mit gut lesbaren Gesichtern werden immer wieder gern eingeladen.

Weil es oft gut ist, Emotionen zu zeigen und zu verstehen, sind auch der Katzenbuckel und das Hundeschwanzwedeln entstanden. So wie Katzenmütter am Schnurren der säugenden kleinen Katzen erkennen können, dass es ihnen gut geht, so erkennen menschliche Mütter am Lächeln ihrer Kinder, dass diese sich wohlfühlen.

Primaten mit beweglichen Gesichtern und der Fähigkeit, bewegte Gesichter lesen zu können, haben besonders in großen Gruppen ihre Vorteile. In kleinen Gruppen kennt jeder jeden genau und jeder weiß, wer wann wie reagiert. In großen Gruppen hat man aber auch mit Menschen zu tun, die man nur gelegentlich trifft. In diesen Fällen hilft die Emotionskommunikation per Gesicht beiden, gewaltfrei miteinander auszukommen.

Autistische Menschen haben Schwierigkeiten, Gesichter zu verstehen. Stellen Sie sich vor, alle Menschen würden nur starre Fotos als Gesicht vor sich her tragen – wie viele Informationen, die Sie bewusst und unbewusst verarbeiten, Ihnen dann fehlen würden!

Die Kommunikation per Gesicht ist deshalb so wirksam, weil sie emotional wirkt. Wenn ein Mensch eine Emotion erlebt, dann spannen sich unwillkürlich einige seiner Gesichtsmuskeln an. Die Positionen der Gesichtsmuskeln werden von den Positionsmelder-Nerven der Muskeln an das Gehirn zurückgesendet. Dieses Signal vom Gesicht ins Gehirn zurück verstärkt die Emotion. Wenn Sie lächeln, fühlen Sie sich schon allein durch den Vorgang des Lächelns – das heißt durch die Rückmeldungen an das Gehirn, dass wir lächeln – gleich wohler. Lächeln Sie jetzt! Fühlen Sie es?

Wenn wir das Gesicht eines anderen Menschen sehen, interpretiert unser Gehirn dessen Gesichtszüge und versucht sie nachzuahmen. Wenn wir dann ungefähr die gleichen Gesichtszüge wie unser Gegenüber bei uns eingestellt haben, werden wieder die Signale über unsere Gesichtsstellung an das Gehirn weitergegeben. Diese Signale erzeugen dann eine Emotion. Wir verstehen in diesem Moment, wie sich unser Gegenüber gerade fühlt. Menschen, die sich mit Botox behandeln ließen, haben einige gelähmte Gesichtsmuskeln. Weil diese Muskeln nicht bewegt werden können, können Gesichtsausdrücke schlecht nachgestellt und Emotionen schlecht nachempfunden werden. In Studien hat man herausgefunden, dass Botoxpatienten Gefühle weniger genau nachempfinden können als Menschen ohne gelähmte Gesichtsmuskeln.

Unsere emotionsbewegten Gesichter und unsere Fähigkeit, durch das Betrachten von Gesichtern Emotionen nachempfinden zu können, waren und sind ein enorm wichtiges Kommunikationsmittel im täglichen Leben. Schon vor dem Internet-Zeitalter haben wir mit unserem »Face« soziale Netzwerke aufgebaut.

Wie wirklich?

»Die unterhaltendste Fläche auf der Erde für uns ist die vom menschlichen Gesicht.«   Georg Christoph Lichtenberg

Viele Schauspieler sind beliebt und begehrt. Meistens sehen sie ganz gut aus. Aber wir sind besonders fasziniert von ihrer Fähigkeit, Emotionen lebensecht darstellen zu können. Jeder wünscht sich heimlich, mit ihnen Kinder zu haben, die diese phänomenalen Fähigkeiten erben. Wünscht sich aber jeder und jede, mit einem Schauspieler – einem Fälscher – zusammenzuleben? »Wer Emotionen nachmacht oder verfälscht, oder nachgemachte oder verfälschte Emotionen sich verschafft und in Verkehr bringt, wird mit Liebesentzug nicht unter zwei Jahren bestraft«.

Weil Gesichtsausdrücke Emotionstransfervehikel sind, könnten sie auch dazu benutzt werden, in anderen Menschen gezielt Emotionen zu erzeugen. Weil Menschen automatisch Gesichtsausdrücke und Emotionen nachvollziehen, lassen sich Menschen mit Gesichtsausdrücken manipulieren – oder besser gesagt: mimikpulieren. Doch das ist einfacher gesagt als getan. Die Gesichtsmuskeln werden von uralten Gehirnteilen angesteuert, in denen auch die Emotionen entstehen. Dies funktioniert erst einmal unabhängig von allem Denken und Wollen, so automatisch wie die Tätigkeit der Darmmuskulatur. Wer es schafft, diesen verlässlichen Mechanismus zu manipulieren, bekommt ein mächtiges Werkzeug an die Hand, d. h. in das Gesicht.

Wer Wut oder Angst stärker ausdrücken konnte als andere, konnte in einem Konflikt den Gegner beeindrucken oder beruhigen. Daraus entwickelten sich die Droh- und Unterwürfigkeitssignale. Wenn sich Emotionsausdrücke verstärken lassen, dann lassen sie sich auch unterdrücken. Und man kann versuchen, eine andere Emotion zu zeigen, als man wirklich gerade empfindet. Wenn ein Männchen mit einem Weibchen flirtet und genau in diesem Moment taucht das wachsame Alphamännchen auf, dann zeigt das untergeordnete Männchen nicht seine gefühlten »Verpiss dich, du störst«-Emotionen, sondern setzt sein »Nett, dass du gerade vorbeikommst«-Gesicht auf und verzieht sich.

Das Unterwürfigkeitssignal »Lächeln« können wir alle zeigen. Beim Vortäuschen von Wut, Trauer, Freude und Gelassenheit sind die Fähigkeiten der meisten Menschen nur mäßig gut ausgebildet. Sonst wäre ja Schauspieler kein so schwer zu erlernender Beruf. Der Unterschied zwischen einem echten Lächeln und dem sogenannten sozialen (falschen) Lächeln liegt in den Muskeln an den Augen, die nur beim emotional echten Lächeln bewegt werden. Nur wenige Menschen können willentlich auch mit den Augenmuskeln lächeln. So wie auch nur wenige Menschen mit den Ohren wackeln können.

Die Signale für echte Emotionen kommen aus alten Gehirnteilen, die Signale für gefälschte Emotionen kommen aus dem jungen Großhirn. Beide Gehirnteile arbeiten unabhängig voneinander. Es gibt Menschen mit Hirnschädigungen, die nur noch willentliche Gesichtsausdrücke haben, und andere, die nur noch echte Emotionen zeigen können. Wenn beides funktioniert, ist das ist wie bei einem Flugzeug, bei dem Pilot und Autopilot gleichzeitig steuern.

Mit gut gesteuerten Gesichtsmuskeln lassen sich nun böswillige Täuschungs- und Betrugsabsichten verwirklichen. Aber nicht immer erfolgt die Täuschung in böser Absicht. Die kleine Unehrlichkeit erleichtert das Zusammenleben in großen Gruppen, wenn nicht jeder jeden merken lässt, was er dem anderen gegenüber empfindet. Das tägliche »guten Morgen« auf der Arbeit darf ein Hauch freundlicher klingen, als es gemeint ist.

Wenn es aber Täuschung gibt, dann gibt es auch das Bemühen, diese Täuschungen zu durchschauen. Wer wohlbehütet aufgewachsen ist und in einem tollen Team arbeitet, der will nicht wirklich wissen, was jeder über ihn denkt. Wer sich aber im harten, vielleicht auch gewalttätigen Wettstreit mit anderen Menschen befindet, der achtet sehr genau auf die Miene seiner Konkurrenten. Im evolutionären Wettlauf mit unseren Fähigkeiten zu lügen, entwickelten wir unsere Fähigkeiten, Lügner zu erkennen. Wir tragen also gleichzeitig einen Lügengenerator und einen Lügendetektor in unserem Kopf herum.

Weil die gespielten Emotionen nie alle Gesichtsmuskeln so erreichen können wie die gefühlten Emotionen, ist es möglich, am Gesicht zu erkennen, ob die gezeigte Emotion echt ist oder nicht. Für Sekundenbruchteile huschen manchmal die gefühlten Emotionen über das Gesicht. Dies ist aber nicht von jedem und auch nur mit Übung zu erkennen. Diese Gesichtsirritationen zeigen aber oft nur an, dass etwas nicht stimmt. Vernehmer merken schnell, dass der Vernommene nicht so entspannt ist, wie er vorgibt zu sein. Sie wissen aber nicht: Ist er so angespannt, weil er ein Verbrechen zu verbergen hat oder weil er Angst hat, unschuldig verdächtigt zu werden?

Trickfilmfiguren wie die kleinen gelben Minions mit extrem vereinfacht dargestellten Gesichtern sind uns sympathisch, weil wir nicht ständig die vielen, nicht dargestellten Gesichtsmuskeln überwachen müssen, sondern uns ganz auf die einfachen Emotionssignale von Mund und Augen verlassen können. Die Trickfilmcharaktere mit anspruchsvolleren Persönlichkeiten zeigen das ganze Repertoire an Gesichtsmuskeln. Der Zuschauer kann seinen emotionalen Intellekt und seinen eingebauten Lügendetektor daran abarbeiten.

Die weiter oben erwähnten menschlichen, aber künstlich am Computer erzeugten supersymmetrischen Gesichter erscheinen uns auch deshalb ein bisschen künstlich und kühl und dadurch etwas unheimlich, weil diese Gesichter immer nach aufgesetzter Maske aussehen. Unser Gehirn steuert die Gesichtsmuskeln niemals supersymmetrisch an.

Der Mensch hat nun die intellektuellen und mimischen Fähigkeiten zu Lug und Betrug. Was ist die Lügen-Strategie mit den größten Erfolgsaussichten? Wer bei jeder sich bietenden Gelegenheit betrügt, wird auch bei guten Lügen immer wieder ertappt werden. Das kann im schlimmsten Falle zum Ausstoß aus der

Gruppe mit Karriereaussichten als Hyänenfutter führen. Nur ganz überlegene Meisterlügner halten es durch und das auch nur in moderneren, großen, anonymen Gesellschaften. Wer umgekehrt nie lügt, verpasst vielleicht eine wichtige Chance, bekommt die Traumfrau nicht ab, weil das böse Raubtier, das er als stolzer Jäger verjagt hat, eben doch nur eine Katze und kein Löwe war. Er gibt seine grundehrlichen Gene nicht so gut weiter, wie diejenigen, die angeblich Löwen verjagt haben. Wenn wir die heutigen Menschen betrachten, sehen wir: Der Typ Mensch, der sich immer ehrlich gibt und es meistens – aber eben nicht immer – auch ist, ist in unserem Menschen-Herdensystem die häufigste und daher wohl erfolgreichste Variante Mensch.

Die Fähigkeit, Emotionen auszudrücken und dabei nicht immer ganz wahrhaftig zu sein, sowie die Fähigkeit, das Risiko, dabei erwischt zu werden, gut kalkulieren zu können, sind für das Zusammenleben in einer Gruppe extrem wichtig. Die Fähigkeit, Emotionen zu lesen und auszudrücken, ist für das Gruppenleben noch viel wichtiger als für das Finden und das Zusammenleben mit einem Partner. In unserer evolutionären Vorgeschichte haben wir die meiste Zeit nicht lebenslang mit einem Partner zusammengelebt. Wir haben aber das gesamte Leben mit Eltern, Kindern und all den anderen Herdenmitgliedern verbracht, denn ohne diese war der Einzelne verloren.

Freundlich sein und Lächeln hält die Horde und die Gesellschaft zusammen. Und was eine Gesellschaft zusammenhält, sollte auch eine Beziehung zusammenhalten. Also einfach mal wieder den Partner anlächeln!

Eine runde Sache – die Augen
»Schau mir in die Augen, Kleines!«
Warum nicht »Schau mir auf die Füße!«? Auch wer nicht von Polizei und Geheimdienst als Lügendetektor ausgebildet wurde, kann an den Augen eines anderen Menschen dessen Stimmung und Absichten erkennen. Deshalb sind uns Menschen mit dunk-

ler Sonnenbrille unheimlich. Sie können unsere Augen sehen, wir aber nicht die ihren. Dass unsere Augen zum Spiegel unserer Seele werden, liegt an den bewegten Muskeln um die Augen herum und am Weißen des Auges. Wir sind die einzige Säugetierart, bei der das Weiße des Auges gut sichtbar ist. Das Weiße der Augen ist nicht wirklich praktisch für das Überleben. Genau dann, wenn es heißt, sich gut zu tarnen und die Augen aufzuhalten, um zu sehen, wo denn ein Räuber lauern könnte, lockt das gut sichtbare Weiß die Räuber zu ihrem Futter. Nur Tiere, die selbst nicht gejagt werden und ihr Futter nicht durch Anschleichen erwerben müssen, können sich solche Leuchtpunkte am Kopf leisten.

Das Weiße in den Augen wurde uns wahrscheinlich dadurch beschert, dass jünger aussehende Frauen mit Kulleraugen bevorzugt wurden. Dies war aber vielleicht nicht nur reine Sexualauswahl, sondern auch ein Effekt im normalen Zusammenleben. Etwas kindlicher wirkende Frauen riefen den Beschützerinstinkt von Frauen und Männern eher hervor als kleinäugige, etwas arglistiger schauende Frauen. Das strahlende Weiß der Augen signalisiert wie das strahlende Weiß der Zähne perfekte Gesundheit und Jugend. Dunkle Punkte oder Altersverfärbungen in den Augen fallen uns sofort auf.

Tierische Gehirne im Allgemeinen können runde, auffallende Punkte leicht erkennen. Deshalb sind sie Bestandteil vieler Schmuck- und Warnzeichnungen im Tierreich. Die Augen auf dem Pfauenrad sind nicht deshalb bei den Pfaudamen beliebt, weil sie Augen lieben, sondern weil sie helle, sich kontrastreich vom Untergrund abhebende, möglichst runde Punkte lieben. Und das macht auch menschliche Augen automatisch attraktiv. Beim Schminken wird das Weiße der Augen betont, indem der Bereich um die Augen abgedunkelt wird.

Das weiße Umfeld um die Iris herum ermöglicht auch einen ersten, schnellen Symmetriecheck. Ein leichter Silberblick fällt sehr schnell auf. Und wenn es darum geht, mit vielen Menschen zu jagen und zu sammeln und mit einem Menschen zusammen Kinder großzuziehen, sind die Augen auch gut, um etwas über das Fühlen und Denken der anderen Menschen zu erfahren. Wenn der Partner zu oft zu anderen schaut, statt zu mir, dann muss ich mich bemühen, ihn zu halten oder ihn davonschicken. Wenn uns ein schöner Mensch direkt in die Augen schaut, wird vom Belohnungszentrum des Gehirns Dopamin ausgeschüttet, was uns in freudige Erwartung des Kommenden versetzt.

Wer einen Partner für längeres Zusammenleben sucht und die Wahl hat zwischen einem mit offenem Blick und einem mit festgewachsener Sonnenbrille, wird den offen Blickenden bevorzugen.

Verweilen Sie noch einen Augenblick, bevor wir das nächste Thema in Augenschein nehmen. Sie werden Ihren Augen nicht trauen, was ich Ihnen da vor Augen führen werde. Die Augen werden Ihnen übergehen. Sie werden kein Auge mehr für etwas anderes haben. Einige von Ihnen werden mit den Augen rollen, aber wer keine Tomaten auf den Augen hat, wird die augenscheinliche Wahrheit bestätigen können, sie springt ins Auge: die Taille.

Wespenbauch-Wespenbeine-Wespenpo? – die Taille

Bis eben war alles noch ruhig. Es rauschte friedlich, es pochte gleichmäßig und es schaukelte angenehm. Aber nun drückt es von fast allen Seiten. Der Kopf wird in etwas Enges hineingepresst. Er wird verdreht und verformt sich in dieser Enge. Jemand schreit die ganze Zeit. Wann hört das endlich auf! Wann wird es wieder so schön ruhig?

Wohl erst wieder mit dem Tod. Vorher stehen erst einmal einige Jahrzehnte Aufregung und Stress an. Nicht genug, dass die Kinder irgendwann ungefragt aus dem kuschelig warmen, weichen Uterus hinaus in die ihnen nicht immer wohlgesonnene Welt befördert werden. Ihnen wird dabei eine Tortur zugemutet, wie sie nur wenige Menschen in ihrem Leben noch einmal erleben müssen. Wenn allerdings der so hindurchgepresste Mensch dies gesund überstehen sollte und eine Frau wird, wird er wahrscheinlich noch einige Male an dieser unangenehmen Veranstaltung teilnehmen dürfen.

Wozu soll das gut sein? Ließe sich das nicht vermeiden?

Wer klug sein will, muss leiden. Wer unbedingt das schlauste Tier der Milchstraße werden will, bekommt einen riesigen, mit schlabberiger Masse gefüllten Schädel. Und mit diesem dicken Kopf muss er dann durch die Wand, das heißt durch den Geburtskanal, der fast ebenso schwer zu durchqueren ist. Bei der Geburt werden die Knochenplatten des Schädels voneinander gelöst und übereinander geschoben. Diese Sollbruchstellen nennt man Fontanellen. Sie wachsen nach der Geburt wieder zusammen, aber nicht immer genau so, wie sie sollen.

Auch Mutters Beckengröße macht den Gang durch das Nadelöhr schwierig. Damals, im immer lichter werdenden afrikanischen Wald, erledigten unsere noch kleinhirnigen Vorfahren – die sich gerade von den Bonobo-/Schimpansen-Vorfahren getrennt hatten – immer mehr Dinge zu Fuß, weil Klettern nicht mehr funktionierte. Um einen sicheren, immer stabileren und energiesparenderen Laufstil zu ermöglichen, bekamen sie Wanderfüße, -beine und -becken. Das Becken wurde dabei kleiner und enger. Der Optimierungsdruck auf Becken und Beine wurde noch größer, als unsere Vorfahren, später in der weiten Savanne, nicht mehr nur von Baum zu Baum latschten, sondern im Dauerlauf ihre Beute hetzten.

Die Evolution ist kein intelligenter Designer, sondern ein Bastler. Darum schuf sie keinen alternativen schmerzarmen Geburtsweg durch den Bauch, sondern beließ es beim Quetsch und Druck durchs Nadelöhr. Die Todesrate bei Geburten sorgte dafür, dass die Frauenbecken größer und weiter wurden als die der Männer. Die menschlichen weiblichen Becken sind aber nicht so weit, dass die Geburt nun problemlos wäre, sondern nur so weit, dass die Todesrate ausreichend klein war bzw. ist. Die Nachteile eines noch größeren Beckens – das zum Watschelgang beim Umherrennen führen würde – müssen relevant gewesen sein, sonst gäbe es wohl breitere Becken.

Interessanterweise gibt es allerdings keinen direkten Zusammenhang zwischen Hüftbreite und sexueller Attraktivität. Das liegt am Fett. Fett ist nützlich und unerlässlich. Fett ist ein Energiespeicher und ohne einen Mindestfettgehalt im Körper haben Frauen keine Menstruation. Viel Fett am Körper spricht für Fruchtbarkeit und gute Ernährung. Schlankheit wiederum spricht für Jugend, denn Teenager sind normalerweise fettärmer als reife Frauen. So schwanken die Vorlieben der Männer je nach klimatischen Bedingungen, je nach Versorgungssituation und auch je nach kultureller Prägung zwischen mollig und gertenschlank. Im mittelalterlichen Europa war es – wie auch noch heute in einigen Gegenden Afrikas – üblich, Mädchen zu mästen, um ihre Chancen auf dem Heiratsmarkt zu erhöhen.

Die klassische Interpretation ist folgende: Weil Fett breite Hüften macht, sagt die Hüftbreite nichts über die Beckenbreite aus. Die Männergehirne müssten die Dicke der Fettschicht kennen, um dann die Beckenbreite abschätzen zu können. Weil die Fettschicht auch nicht genau ersichtlich ist, suchen sie sich ein anderes, nur fettabhängiges Körpermaß und rechnen dann die Fettschichtdicke heraus. Männergehirne bilden den Quotienten aus Taillendurchmesser und Hüftdurchmesser. Dieses Verhältnis sagt unabhängig von der aktuellen Fettschicht etwas über die Beckenweite aus. Das Taille-/Hüftverhältnis ist ein wichtiger Wert für die Attraktivität.

Es gibt aber auch Meinungen, die diese Überlegungen für zu konstruiert halten und annehmen, dass eine weibliche Hüfte im richtigen Verhältnis zur Taille einfach nur ein sicheres Zeichen dafür ist, dass die Frau schon den Pubertäts-Östrogenschub abbekommen hat. Für Männergehirne sei es nur ein Check-Kriterium wie zum Beispiel volle, weibliche Lippen.

Der männliche Blick auf Hüfte, Bauch und Taille sieht mehr als nur die Beckenbreite. Eine schlanke Taille lässt ein Männerhirn Folgendes vermuten:

1. Am Bauch sitzt kein Fett. Das Fett am Bauch stört – anders als Fett an anderen Stellen – das Herz und die inneren Organe. UND:
2. Für Männerhirne als Knechte ihrer verbreitungswilligen Gene viel, viel wichtiger – die Frau ist gerade NICHT SCHWANGER!!!

Man nahm bisher an, dass das Geburtskanalproblem der Grund dafür sei, dass menschliche Babys – im Vergleich zu Schimpansenbabys – recht unfertig auf die Welt kommen. Es hieß, die Babys würden noch deutlich länger ausgetragen werden, wenn es denn eine Möglichkeit für deren spätere Geburt gäbe. Die menschlichen Babys kommen zwar fürchterlich unfertig zur Welt, sind aber trotzdem – bezogen auf das Gewicht der Mutter – schon ziemlich dicke Brocken. Größere Brocken als die Schimpansenbabys für deren Mütter. Nach neueren Erkenntnissen wären Frauen zudem gar nicht in der Lage, noch größere Kinder durch die Plazenta zu ernähren. Die Menschen kommen also deshalb so unfertig auf die Welt, weil während einer normalen Schwangerschaft niemals ein so riesiges menschliches Gehirn fertig ausgebildet werden könnte.

Das evolutionäre Streben hin zu einem Organ, das so existenzielle Probleme wie Kreuzworträtsel lösen kann, bringt einigen Ärger mit sich. Die Aufgaben, die normalerweise eine Schwangerschaft erfüllt, nämlich Wachstum und Schutz, müssen noch Jahre nach der Geburt von willigen Dienstleistern vollbracht werden. Das Pflegen und Trainieren eines großen Gehirns während einer extra langen Kindheit benötigt große funktionierende Gruppen und viel Wissen, Kultur und Technologie. Das so pflegeintensive Organ Gehirn ermöglicht uns dann auch diese großen Gruppen zu bilden und Wissen, Kultur und Technologie zu schaffen.

G AL N E DI EC RH S oder?

*Franka wusste, dass langjährige Beziehungen umso glücklicher ver-
laufen, je ähnlicher sich die beiden Partner sind. Deshalb bestellte sie
bei der Firma »Wunschklon AG« einen auf männlich umprogram-
mierten Klon ihrer selbst. Nach einigen Jahren erhielt dann Franka
endlich das bestellte Exemplar: Frank. Und fortan lebten sie gemeinsam, glücklich und zufrieden bis an ihr Lebensende.*

Im ersten Kapitel bewunderten wir die von Viren gepeinigten
und von Bakterien ausgebeuteten Vielzeller in ihrem heroischen
Kampf gegen das Parasitenjoch. Die Losung der um ihre Gesundheit kämpfenden Vielzeller lautete: »Mischt euch mit ganz anderen!«

Wie kann es bei diesem Aufruf zum Begehren der Andersartig-
keit beglückend sein, den Abend mit einem gleichartigen Partner
zu verbringen? Oder hat vielleicht Jesus recht, sagte er nicht:
»Liebe deinen Nächstähnlichen wie dich selbst!«?

Die Vorteile der Verschiedenartigkeit von Sexualpartnern haben wir besprochen:

1. Verbesserte Parasitenresistenz wegen andersartiger Zelloberflächen,
2. Vermeidung von Inzucheffekten und
3. leistungsfähigeres Immunsystem, weil die Eltern verschiedene
   (neue) Datensätze für die Viren- und Bakterienbekämpfung
   mitbringen.

Was ist der Vorteil, wenn mein Partner mit mir hinsichtlich meines Temperaments, meiner inneren Uhr, meiner Extrovertiert-
heit, meiner Aufgeschlossenheit gegenüber Neuem, meiner Neugier, meinem Musikgeschmack, meiner familiären Bindung,
meiner Kinderliebe, meines Hundehasses, meiner Katzenliebe,
meines Lieblingsurlaubsorts, meiner Lieblingsspeise, meines
Lieblingsfernsehprogramms und meiner Lieblingsstellung völlig
übereinstimmt?

Kein Stress.

Suchen sich also ähnliche Partner, die lange, stabile Partnerschaften betreiben, nur aus Bequemlichkeit? Paaren sich die ähnlichen Menschen, weil sie konfliktscheu sind? Gefährden sie, nur weil sie glücklich sein wollen, unsere Art? Werden wir wegen zu vieler glücklicher Paare zu hilflosen Opfern der Parasiten? »Und sie liebten sich bis an ihr schnelles Ende«?

Es würde so schön klingen: »Der menschliche Geist hat in seinem Streben nach Glück und Selbstverwirklichung die Menschen von den Fesseln der Gene befreit.« Aber nein. Unser Streben nach Ehen mit möglichst ähnlichen Partnern – die uns glücklicher sein lassen – haben wir neben der Erziehung, der Kultur, der Gesellschaft usw. auch dem Spiel der Gene zu verdanken.

Kehren Sie gedanklich zu dem Marienkäfer-Gen zurück, das sich beklagte, dass es – wegen der Sex-Programmierung seines Wohnmobils – nur in jedem zweiten gelegten Ei wiederzufinden sei. In den Kindern sind 50 % mütterliche und 50 % väterliche Gene enthalten. Gibt es vielleicht eine raffinierte Möglichkeit, den Anteil an eigenen Genen in den Kindern zu erhöhen? Wie könnte es Mutter anstellen, dass in ihrer Tochter mehr als 50 % ihrer Gene enthalten sind? Nun, sie könnte sich klonen. Das bewährt sich aber aus parasitischen Gründen nicht immer. Wie könnte die Mutter in ihre Tochter mehr als 50 % ihrer Gene hineinbekommen und die Tochter dabei trotzdem per Sex entstehen lassen?

Haben Sie eine Idee?

Denken Sie nach!

…

…

Genau! Sie muss Sex mit einem ähnlichen Partner haben. Ein Partner ist ihr ähnlich, wenn er viele gleiche Gene hat. Oder besser gesagt: Weil er viele übereinstimmende Gene hat, ist er ihr ähnlich. Wenn sich zwei ähnliche Partner paaren, dann stammt zwar weiterhin je die Hälfte der Gene der Nachkommen von der Mutter und vom Vater. Weil aber ein Teil der väterlichen Gene mit denen der Mutter übereinstimmt, enthält das Kind mehr als 50 % Gene, die mit denen der Mutter übereinstimmen. Und aus Sicht des Vaters sieht die Sache ebenfalls gut aus. Das Kind enthält mehr als 50 % Gene, die mit seinen Genen identisch sind. Wenn sich eineiige Zwillinge paaren würden und die beiden ein Kind bekämen – was aus anatomischen Gründen nicht möglich ist – dann wäre das Kind zu 100 % mit den Eltern identisch. Dieses Ergebnis wäre das gleiche wie bei einem Klon-Kind.

Schränken aber nicht die Ähnlichkeitspaarungen die genetische Vielfalt ein? Vergrößern die den Eltern ähnelnden Kinder nicht die Gefahr, von Viren und Bakterien vertilgt zu werden?

Tatsächlich ist die Gefahr da. Wem die Ähnlichkeit bei der Paarung sehr wichtig ist, der kann komplett auf Sex verzichten und seine Kinder als Klon zur Welt bringen. Das würde auch den Streit um die Fernbedienung vermeiden. Sex in einer Ähnlichkeits-Partnerschaft erzeugt weniger Genmischung als in einer Unähnlichkeits-Partnerschaft, in der mehr verschiedene Gene aufeinandertreffen. Sex in einer Ähnlichkeitspartnerschaft ist also ein bisschen asexueller, ein bisschen mehr wie Klonen als Sex in einer Unähnlichkeitspartnerschaft. Die Frage »Habe ich lieber Sex mit einem Gleichartigen oder mit einem Verschiedenartigen?« ist ähnlich der Frage »Sex oder Knospung?«. Und auf die Frage, was denn nun besser sei, gibt es wie immer die milchglasklare Antwort: »Je nachdem.«

Im zweiten Kapitel haben wir verschiedene Aspekte betrachtet, die darüber entscheiden, ob sexuelle oder asexuelle Vermehrung eleganter ist. Eine Frage haben wir dort noch nicht betrachtet: »Kommen meine Gören alleine klar, oder muss ich mich um sie kümmern?« Wenn die Kinder als Erdbeersamen oder Fischlarven alleine durch die Welt streifen, dann ist es der effektivste Weg zur Genverbreitung, möglichst viele Kinder in die Welt zu setzen. Wenn die Kinder aber so unselbstständig und hilflos sind wie Rotkehlchenküken oder Menschenkinder, dann können in einem ganzen Rotkehlchen- oder Menschenleben nur einige Kinder großgezogen werden. Blöderweise zieht man dabei immer 50 % Gene des Partners auch liebevoll mit groß. Diesen Aufwand sollte man doch lieber in die eigenen Gene stecken! Und hier lohnt sich die Ähnlichkeitspaarung. Bei einer Ähnlichkeitspaarung lauschen nicht 50 % meiner Gene der Gute-Nacht-Geschichte, sondern mehr. Das motiviert sehr.

Für Männer ist die Ähnlichkeitspaarung nur dann wirklich wichtig, wenn sie selbst Arbeit in die Kinder investieren. Wenn dieser Job von der Mutter allein oder mit Unterstützung eines anderen Mannes erledigt wird, ist die Ähnlichkeit ein netter, aber unwichtiger Punkt. Daher sind die Ehefrauen ihren Ehemännern meist ähnlicher als deren Affären. Frauen müssen sich um alle ihre Kinder kümmern und bevorzugen daher fast immer die Ähnlichkeitspaarung. Weil Ähnlichkeitspaarung zwar effektiv, wegen der Parasiten aber riskant ist, gibt es das Bestreben, doch das eine oder andere Kind mit einem exotischeren, parasitensicheren Mann zu erzeugen. Dieses aufregende Prickeln, das exotische Menschen in uns erzeugen, ist ein Parasitenbekämpfungsmittel.

Das Abwägen »Gehe ich fremd oder gehe ich ähnlich« ist für junge Menschen noch etwas komplizierter. Es gibt ein effektives Inzuchtvermeidungsprogramm in unseren Köpfen. Unsere Schwestern und Brüder sind nervig, langweilig und noch vieles andere, aber nie erregend. Männer, die mit einer blonden etwa gleichaltrigen Schwester aufwachsen, werden lange an blonden Frauen vorbeisehen und schwarzhaarige Frauen für die allein Erstrebenswerten halten. Mit dieser Prägung im Kopf sind die ersten Paarungen allesamt Ungleichpaarungen. Das ist völlig unbedenklich, es sei denn, die Umstände bringen die beiden dazu, sich die nächsten 18 Jahre miteinander das Brutgeschäft zu teilen. Dann wünschen sich beide, sie hätten sich mit einem ähnlicheren Partner eingelassen, der sie versteht und ihre Interessen teilt. Evolutionsbiologen raten daher denen, die ihr persönliches Wohlergehen höher bewerten als das ihrer Gene, dem Leben ein bisschen Zeit zu geben, sich durch angenehme Erfahrungen langsam aus dem Geschwistervermeidungsmodus zu lösen, um schließlich den fernsehabendgeeigneten Partner finden zu können.

Um sich Partner und Gene für parasitenfeste Kinder zu besorgen, gibt es noch einen anderen Weg. Einfach immer der Nase nach! Am Geruch des anderen lässt sich erkennen, lässt sich erriechen, ob Ihre Immunsysteme gut zusammenpassen. Menschen haben ein ständig kampfbereites, lernfähiges Immunsystem. Damit der Körper nicht von den eigenen Kampfzellen vernichtet wird, sind die Körperzellen mit bestimmten Proteinen markiert. Das Immunsystem besitzt zudem andere spezielle Proteine, mit deren Hilfe es Bakterien sofort erkennt. Diese molekularen Markierungen sind das Freund-Feind-Erkennungssystem des Körpers. Die Kombination dieser Proteine ist bei jedem Menschen einmalig. Und man kann sie riechen. Wenn sich die Immunsystem-Protein-Archive gut ergänzen, wird der Geruch des Partners als erregend und angenehm empfunden. Getestet hat man das mit getragen T-Shirts, die die Studienteilnehmer beschnupperten und bewerteten. Das Ergebnis: Menschen mit anderen Immuneigenschaften als den eigenen werden als angenehmer und erotischer riechend empfunden als Menschen mit ähnlichen Immuneigenschaften. Wer andere Freund-Feind-Erkennungsmoleküle besitzt als man selbst, riecht verführerisch nach Fortpflanzung.

Die Erkennungsproteine von Menschen und Wirbeltieren werden vom Hauptgewebeverträglichkeitskomplex MHC beschrieben. Ein möglichst gleicher MHC ist das wichtigste Kriterium für die Verwendbarkeit von Spenderorganen. Für die sexuelle Parasitenabwehr aber sollte der MHC möglichst verschieden sein. Der MHC-Sensor im Gesicht der Frauen führt sie zu denjenigen Männern, die zwar nicht als Organ-, dafür aber als Samenspender infrage kommen könnten. Auch die Männer lassen sich vom MHC-Duft der Damen locken. Während der Schwangerschaft und während der – eine Schwangerschaft simulierenden – Pilleneinnahme verändern sich aber die Vorlieben der Frauen.

Weg von der Bevorzugung andersartiger Männer hin zur Bevorzugung ähnlicher, verwandter Männer.

Gut ausgewählte Parfüms unterstreichen und verstärken den persönlichen MHC. Die wirklich wirksamen Bestandteile von Parfüms sind ein paar dutzend, nach MHC riechende Komponenten. Viele von ihnen waren bereits den Ägyptern bekannt. Bald wird unter den fantasievollen Namen auf den Parfümfläschchen stehen: »Besonders geeignet für 1190021–22 bis 1320023–60.«

Orpheus in der Urzeitwelt
Was ist Musik und warum?

»Aber ich brauchte die Gitarre, denn ich hatte an verschiedenen Lagerfeuern die Beobachtung gemacht, dass die mit den Gitarren in der Hand bei denen mit den Hügeln unterm Pulli hoch im Kurs standen.« Jan Josef Liefers: Soundtrack meiner Kindheit

»Man müsste Klavier spielen können; wer Klavier spielt, hat Glück bei den Frauen.« Welcher Beruf bietet einem jungen Mann am ehesten die Möglichkeit, viele Frauen ins Bett zu bekommen? Kfz-Mechaniker? Veterinär? Philosoph? Popstar?

Popstar! Ein schön zwitschernder Mann ist sexy. Für Menschen und für Vögel. Damit sind wir dann auch gleich beim Vögeln. Vögeln Vögel? Oder doch nur Menschen? Das Vögeln war früher eine beliebte Beschäftigung der Menschen. Wieso früher? Nun damals vögelte man noch richtig. Wenn die Hühner noch nicht schlachtreif waren, nahm man sich einen Vogelkäfig mit Klapptür, streute Köder in den Käfig und wartete auf die Vögel. Mit etwas Geduld ließ sich durch das Fallenstellen – das Vögeln – etwas für die Pfanne fangen. Besonders viel Spaß machte das Vögeln, wenn Mann und Frau gemeinsam vögeln gingen. Und irgendwann gingen dann die beiden auch ohne Vogelfalle vögeln.

Nun zurück zu unserem Popstar. Die Mädchen und die Frauen himmeln ihn an. Welchen Vorteil hat es, mit einem Popstar Sex zu haben, von ihm vielleicht sogar ein Kind zu bekommen? Als Familienvater fällt er schon einmal weg: Die Nachfrage der anderen Frauen ist dafür zu groß. Also, wozu Sex mit ihm? Hoffnung auf dicke Alimente? Unsere sexuellen Vorlieben sind älter als das Geld – der monetäre Reiz kann es also nicht sein, der Popstars so begehrenswert macht. Denn reiche Unternehmer haben auch ihren sexuellen Reiz, der Sexappeal eines Popstars ist aber doch wesentlich größer. Viele Frauen können sich vorstellen, einen reichen Unternehmer zu heiraten, doch keine hängt ein Unternehmerposter an die Wand. Was hat also ein Popstar, was ein reicher Unternehmer nicht zu bieten hat? Er hat viele Frauen – das ist die Antwort. Wenn ich also von einem Popstar einen Sohn bekomme und er die Begabung seines Vaters erbt, dann kann ich als Mutter vielleicht die Nase rümpfen über die vielen Frauengeschichten meines Sohnes, aber ich werde stolz auf ihn als Künstler sein. Und ich werde viele Enkel haben, von denen ich nicht unbedingt alle kennen werde. Ein gut singender Mann hat also jene Vorteile, die auch ein großer See-Elefant oder ein bunter Hausgimpel hat. Aus Sicht der Gene ist der Popstar für eine Frau attraktiv, weil ihn alle anderen Frauen attraktiv finden. Die Herausforderung für einen Mann, der Popstar werden möchte, besteht darin, anfangs erst einmal eine gewisse Anzahl Frauen von sich zu begeistern, um damit zu erreichen, dass bald alle Frauen Fans von ihm werden.

Aber anders als bei den Hausgimpeln und den See-Elefanten werden beim Menschen die unmusikalischen Männchen nicht völlig ignoriert. Die Musikalität eines Mannes ist, ebenso wie seine Größe, eben doch nur ein Auswahlkriterium von vielen. Unmusikalische Männer haben deshalb nur einen etwas geringeren Fortpflanzungserfolg. Wenn dem nicht so wäre, würden wir alle von brillanten Sängern abstammen, und die Männer wären wesentlich musikalischer als die Frauen.

Über welche guten Eigenschaften gibt denn nun die Musikalität eines potentiellen Geschlechtspartners Auskunft? Die Antwort ist leicht: Musikverständnis und Musikerzeugung sind komplexe Prozesse, bei denen sehr viele Teile des Gehirns zusammenarbeiten. Es müssen Tonhöhen analysiert und der Rhythmus erkannt werden ebenso wie Klangfarbe, Lautstärke und Tempo. Es müssen komplizierte logische Strukturen erkannt und rekonstruiert werden. Um selbst Musik zu machen, braucht es hohe motorische Fertigkeiten der Atem-, Kehlkopf- oder Handsteuerung. Und nicht zuletzt müssen Emotionen wie Freude oder Zorn in die Darbietung mit einfließen, um den Zuhörer zu erreichen. Wer diese hochkomplexen Leistungen erbringt, zeigt an, dass so gut wie alle seine Gehirnteile tadellos funktionieren. Und wenn schon das so komplizierte Organ Gehirn ohne Baufehler läuft, ist die Wahrscheinlichkeit hoch, dass der Mensch insgesamt gut herausgebildet ist. Gute Musiker sind also zumindest immer passable Genspender. Und auch für die monogamische Partnerwahl ist Musikalität nie von Nachteil. Denn musikalische Menschen mit gut funktionierenden Gehirnen sind meist auch emotional einigermaßen beieinander und damit zur Kindererziehung geeignet.

Es spricht also viel für die Musikalität als Kriterium der Partnerwahl. Warum haben dann nicht auch andere Tierarten die Musikalität in ihr Sexualauswahl-Werkzeugkästchen aufgenommen? Außer uns Nacktaffen, den Singvögeln, den Walen und, wie man neuerdings weiß, auch den Hausmäusen (Ultraschallgesang), interessiert sich kein Schwein – ich meine kein Tier – für Musik. Weitere Fragen sind: Wie ist Musik entstanden? Was waren die Triebkräfte bei der Herausbildung der Urmusik? Welche Voraussetzungen waren nötig? Lauter interessante Fragen. Aber eine fehlt noch: Was ist denn überhaupt Musik?

Ehe wir uns an all den Fragen abarbeiten, wenden wir uns noch kurz der Welt vor der Musik zu.

Wohlklänge

Lieben Sie den Klang zerspringenden Porzellans? Lauschen Sie angerührt, wenn Blechtöpfe aus dem Schrank auf den Boden scheppern? Sinken Sie wohlig in den Schlaf, wenn ein Kind schreit? Wenden Sie sich voll Entsetzen ab, wenn Sie das Meer rauschen hören? Laufen Sie vor Kinderlachen weg? Nein? Wieso nicht?

Es gibt Klänge, die wir lieben, und Klänge, die wir fürchten. Die Klänge, die wir lieben, verbinden wir mit Sicherheit, Geborgenheit, Gesundheit und vielleicht auch Nahrung für uns und unsere Kinder. Wer zu diesen Klängen hinstrebte, überlebte, wer nicht, der starb. Die Klänge, die wir fürchten, bedeuten Tod und Elend. Kürzlich hörte ich Wolfsgeheul aus wenigen Metern Abstand zum Gehege. Sie können mir glauben, ich fühlte mich beklommen. Es ist leicht einzusehen, dass uns Singvogelgezwitscher angenehmer erscheint als Eulenschreie und Wolfsgeheul. Wenn die Singvögel zwitschern, ist es Tag. Dann heißt es, gut gelaunt auf Nahrungs- und Partnersuche zu gehen. Hören wir die Rufe der Nachttiere, ist es besser, sich angstvoll zu verbergen. All die Frühmenschen, die sich vom Klang der Nacht angefeuert fühlten, auf Tour zu gehen, sind wegen der Großkatzen nicht mehr zu der Gelegenheit gekommen, Vorfahr von irgendjemandem zu werden. Angenommen aber, einige Frühmenschen wären nachts erfolgreicher gewesen als ihre tagesliebenden Artgenossen, und angenommen, diese Nacht liebenden Frühmenschen hätten irgendwann Kultur und Technik entwickelt, dann würde als Hintergrundmusik in ihren lichtdurchfluteten Horrorfilmen nicht »uhuuh uhuuh« erklingen, sondern »Tschip tschip tschip«.

Stimmengemurmel klingt angenehm, wir verbinden damit, nicht allein zu sein. Es wachen viele Augen und wir können ohne Furcht ruhen und schlafen. Dort, wo Kinder lachen, herrscht keine Angst und daher wahrscheinlich auch keine Gefahr. Wo Blätter rauschen, ist ein Wald. Auch wenn ich schon lange ein Savannenbewohner bin, fühle ich mich in der Nähe von Bäumen wohler, denn ein Baum kann ein Fluchtweg sein. Was lässt uns das Meeresrauschen lieben? Kaum einer unserer Vorfahren lebte am Meer. Und bis vor wenigen Tausend Jahren war das Meer auch keine nennenswerte Nahrungsquelle. Wieso also das Meer? Warum fahren und fliegen Millionen Menschen ans Meer, um dieses Geräusch zu hören? Weil dieses Geräusch das erste Geräusch ist, das sie in ihrem Leben hörten. Als die Welt noch in Ordnung war, als es keinen Hunger und keinen Durst gab. Keine Angst und keine Schmerzen, da hörten wir dieses Geräusch. In der Gebärmutter vernahmen wir das Klopfen des Herzens, die Stimme unserer Mutter und das Rauschen ihres Blutes. Weil wir Geräusche mit Emotionen verknüpfen, erfüllt uns das Rauschen des Meeres mit jener inneren Ruhe, die wir als Embryos genießen durften. Und auch den Klang von Mutters gleichmäßigem Herzschlag empfinden wir als angenehm.

So haben sich Vorlieben für bestimmte und Abneigungen gegen andere Geräusche und Klänge herausgebildet. In der Musik können wir vieles finden, das nach Vogelgezwitscher, Stimmengemurmel, Rauschen oder Herzschlag klingt. Manchmal klingt Musik auch wie Schreien und Heulen, dann aber nur, um kurzzeitig die Aufmerksamkeit der Hörer zu erregen.

Unsere klanglichen Vorlieben sind nur der Rahmen, in dem sich Musik entwickeln kann. Sie alleine machen noch keine Musik. Was brachte uns nun dazu, Melodien zu erzeugen?

Kehlen und Ohren im Wettlauf

Tauchen Sie gedanklich in einen tropischen Regenwald ein. Sie hören Papageien und viele andere Vögel. Sie hören Affenschreie und Zirpen aus allen Himmelsrichtungen. Sie hören Tiere. Die meisten Tiere des Dschungels sind bemüht, leise zu sein, doch manche wollen gehört werden. Grillen erzeugen Rasselgeräusche mit rauen Flügelkanten, Zikaden mit inneren Membranen, die wie Trommeln funktionieren. Die Vögel und Säugetiere benutzen dagegen ihre Kehlen, um sich hörbar zu machen. Alle musikalischen Tiere – Grillen und Zikaden sind geräuschvoll, aber nicht musikalisch – haben einen Kehlkopf. Der Umkehrschluss trifft allerdings nicht zu. Nicht alle Tiere, die einen Kehlkopf haben, sind musikalisch. Ein Kehlkopf allein macht also noch keine Musik, scheint aber eine wichtige Rolle bei der Musikentstehung zu spielen.

Was ist ein Kehlkopf? Rein tontechnisch besteht er aus zwei schwingenden Saiten mit Resonanzraum. Die schwingenden Saiten sind die Stimmbänder, der Resonanzraum umfasst den Rachenraum und den gesamten Kopf. Gab es vor der Erfindung des Kehlkopfs irgendetwas Vergleichbares in der unbelebten Natur? Wir kennen schwingende Weingläser und Musikinstrumente, aber solche Gegenstände gab es damals zu Zeiten der frühen Lurche und Echsen noch nicht. Sind Kehlköpfe eine akustische Besonderheit? Was machen schwingende Saiten und schwingende Hohlkörper so anders als knarrende Äste und raschelnde Blätter? Es sind die Obertöne. Wenn eine Saite oder ein Hohlkörper mit 100 Hertz schwingt (100 Hertz = 100 Schwingungen pro Sekunde, benannt nach Heinrich Hertz), dann erzeugt diese Saite beziehungsweise dieser Hohlkörper auch Töne mit der doppelten, dreifachen, vierfachen, fünffachen, sechsfachen usw. Frequenz. Also mit 200, 300, 400 usw. Hertz. Während die raschelnden Blätter eine wilde Ton-Mischung verschiedener Frequenzen abgeben, steckt in dem Frequenzgemisch eines Kehlkopfs eine gewisse Logik, die analysiert werden kann.

Doch warum sollten wir uns ausgerechnet mit den Geräuschen aus Kehlköpfen beschäftigen? Was hat das mit Sex zu tun?

Grillen zirpen mit ihren Flügelkanten, um anderen Grillen Informationen zu vermitteln: »Verzieh dich, wenn du ein Männchen bist, und komm her, wenn du ein Weibchen bist.« Kehlköpfe sind auch Informationssender. Tonerzeugende Kehlköpfe sind ein Nebeneffekt der Evolution von Atmungs- und Verdauungssystem. An einer Stelle, nämlich mitten im Kopf, kreuzen sich Luft und Nahrungswege. Bewegliche Atemwegs-Verschluss-

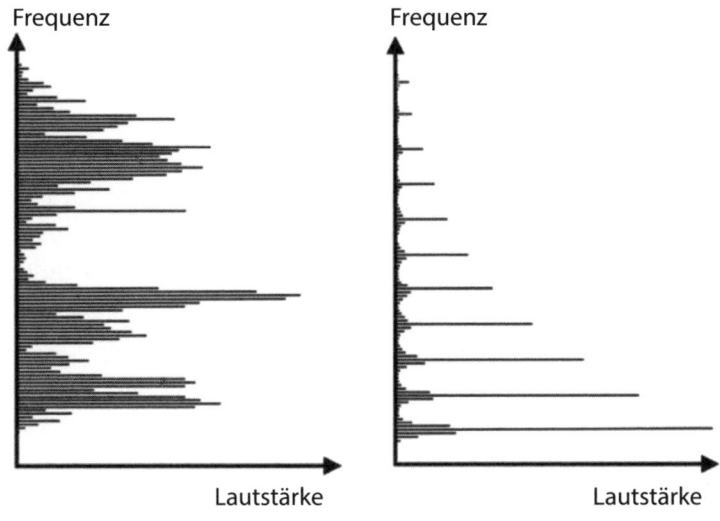

Schematische Darstellung
der Frequenzzusammensetzung
eines beliebigen Geräuschs

Schematische Darstellung der
Frequenzzusammensetzung einer
schwingenden Saite oder eines
schwingenden Hohlkörpers

mechanismen (der Kehldeckel) und bewegliche Nahrungstest-
und Nahrungstransportsyteme (die Zunge) brachten irgendwann
einmal die Luft im Hals ungewollt zum Schwingen. Wie zum
Beispiel beim Schnarchen. Da die Tiere mit den Ur-Kehlköpfen
alle schon Ohren hatten, kam es ziemlich schnell zu einer Ko-
Evolution von Kehlkopf und Hörsystem. Aus ungewollter
Schwingung im Rachen wurde gewollte Schwingung im Rachen.
Drohendes Knurren, Warnrufe, liebesvollen Gurren und vieles
andere mehr sind es wert, gehört und vor allem richtig verstanden
zu werden. Richtig lohnend wird die Klanganalyse, wenn ich z. B.
schon am Knurren erkenne, wie groß denn der Knurrende ist. Für
Herdentiere ist auch von Vorteil, am Klang zu erkennen, wer ihm
eine Information zusendet. Wer gibt mir Bescheid, wenn er leckere Beeren findet? Wer faucht mich an, wenn ich in seine Nähe
komme? Informationen, die in den Kehlkopfklängen anderer We-

sen stecken, sind oft viel wichtiger als die Geräusche des Windes und das Rascheln der Blätter.

Parallel zur Entwicklung des Kehlkopfs entwickelten sich im Gehirn Bereiche, die die Klänge des Kehlkopfs analysieren. Das Gehirn beschäftigt sich nicht nur mit der erzeugten Grundschwingung, sondern auch und besonders mit den Obertönen. Je nach Form, Wanddicke und Material eines schwingenden Körpers sind die einzelnen Obertöne verschieden stark. Ein Konservenglas klingt deshalb anders als eine gleich große Blechbüchse. Mal ist z. B. der vierte Oberton besonders stark, mal ist der dritte kaum zu hören. Durch die unterschiedlichen Stärken der einzelnen Obertöne sind verschiede Hohlkörper wie z. B. Kehlköpfe gut voneinander zu unterscheiden – selbst dann, wenn sie gleich groß sind und mit derselben Grundfrequenz schwingen. Wenn ein Gehirn die typischen Klangmerkmale eines Hohlkörpers erfassen will, muss es als Erstes nur die Grundfrequenz erkennen, dann die wenigen dazugehörigen Oberton-Frequenzen analysieren und dazu abspeichern, wie laut die Obertöne im Verhältnis zum Grundton sind. Mit den wenigen sich daraus ergebenden Daten (der Grundfrequenz und den Obertonverhältnissen) kann das Gehirn eine Kehlkopf-Schallquelle jederzeit identifizieren. Im Gehirn hat sich im Laufe der Evolution ein Frequenzrechner für die Kehlkopfanalyse entwickelt – zusätzlich zum bisherigen Geräusch-Erkennungsmechanismus für Rascheln und Plätschern. Mithilfe dieses Frequenzrechners im Kopf können wir andere Menschen rein akustisch eindeutig identifizieren.

Während einige Kehlkopfträger heute stundenlang mit Flatrate telefonieren, waren die ersten Kehlkopf-Signale kurz und prägnant. Wie zum Beispiel der Warnschrei. Um nicht zu Futter zu werden, muss das Signal »Warnschrei« schnell verarbeitet werden. Der Frequenzrechner im Kopf, der den Warnruf erkannt hat, gibt das Signal an das Emotionszentrum für Angst weiter. Das ist praktisch, denn schon vor langer Zeit hatten sich Empfindungen und Emotionen wie Schmerz, Angst und Wut herausgebildet, damit wir schneller reagieren. Der Kehlkopfträger kann nun tun, was er immer tut, wenn er Angst hat. Er kann weglaufen, sich unter Blättern verstecken, auf Bäume klettern oder sich tot stellen. Eine emotionale Bewertung des Kehlkopfklangs »Warnruf« ermöglicht also das Überleben. Lange Zeit konnten sich die Kehlkopfträger darauf verlassen, dass ein gehörter Angstschrei wirklich durch gefühlte Angst ausgelöst wurde. Aber irgendwann gab es Kehlkopfträger, denen es gelang, ihr Stimmorgan bewusst zu steuern und damit gezielt emotionsauslösende Signale zu erzeugen. Wenn Emotionen vorgetäuscht werden können, wird es wichtig, die echten Emotionen aus dem Klang herauszuhören. Jeder kennt das Beispiel des falschen Warnrufs, der den Zweck hat, die Artgenossen vom Futter zu vertreiben. Erdmännchen sind kleine Meister darin. Allerdings können Erdmännchen inzwischen auch einen echten Angst-Warnschrei von einem vorgetäuschten unterscheiden. Bei echter Angst spannen sich die Kehlkopfmuskeln anders an als bei gespielter Angst. Und den Unterschied können Erdmännchen heraushören und reagieren entsprechend. Ist der Warnschrei echt, laufen die Tiere weiter weg und verstecken sich tiefer in der Erde als bei einem gefälschten Warnruf. Wer jemals den echten Angstschrei eines Menschen gehört hat, weiß, dass er sehr viel intensivere Emotionen auslöst, als ein gespielter Angstschrei je könnte.

Wir wissen also jetzt, dass die immer bessere Beherrschung des Kehlkopfs und des Mundes gleichzeitig die Entwicklung des Hörsystems vorantrieb. Tiere konnten die Kehlkopfklänge anderer immer besser analysieren: »Wie groß? Wer? Wie gelaunt? Wie wirklich gelaunt?« Wer bei jedem Schrei davonlief, kam nicht mehr zum Fressen, geschweige denn zur Paarung. Wer dagegen die echten Angstschreie ignorierte, wurde bald Mahlzeit.

Die Freude am Lallen

Der Empfänger eines emotionsauslösenden, akustischen Signals kann ein emotionsauslösendes Signal zurücksenden. Bei einem Warnschrei wird er es nicht tun, sondern sich verstecken. Bei einem Drohsignal aber kann er mit einem Drohsignal antworten. Das macht keinen Spaß, solche Situationen gilt es zu meiden. Anders bei positiven Emotionssignalen. Es ist schön, positive Emotionssignale auszusenden, und noch schöner ist es, sie zu empfangen. Sind zwei Individuen aufeinander angewiesen, kann sich eine vorteilhafte emotionale Bindung herausbilden. Pflegebedürftige Tierkinder müssen schreien, piepen oder quieken, um ihre Eltern darauf hinzuweisen »Ich brauche etwas«. Wenn die Kinder dann aber satt und zufrieden sind, lohnt es sich, Mama mit einem Schnurren oder Lächeln zu belohnen. Mama lernt, dass es auch Lohn für die Mühe gibt, und arbeitet nun mit doppeltem Eifer für die Kinder. Mama versendet Signale »Ich bin da«, »Ich beschütze euch«, um die Kinder zu beruhigen. Beruhigte, also leise Kinder werden von Räubern nicht so oft gefressen. Menschliche Mütter und Babys tauschen auch positive Signale aus. Sie veranstalten sogenannte Lall-Duette. »Du, du, du« und »Ei, ei, ei«. Das ist für beide höchst beglückend. Und jetzt kommen die ersten Melodien ins Spiel. Auch das freundlichste und angenehmste Signal wird irgendwann öde und langweilig, wenn es sich immer wiederholt. Das Gehirn versucht, sich stetig wiederholende Reize auszublenden. Um nun beim minutenlangen oder vielleicht stundenlangen »Ei, Ei, Ei« die Aufmerksamkeit des anderen wachzuhalten, kann man die Tonhöhe variieren. Dann ist das Signal jedes Mal ein bisschen neu und ein bisschen interessant. Dann wird auch noch die Folge der Tonhöhen interessant. Ist die auch immer gleich oder aber anders? Wenn Mutter und Baby miteinander kommunizieren, dann sprechen sie nicht, sondern singsangen miteinander. Der abwechslungsreiche Singsang vertieft die Mutter-Kind-Beziehung. Das ist gut für die Kinder, es überleben mehr Kinder und die Gene für Singsang-Fähigkeiten breiten sich aus.

So könnte vielleicht die Musik beim Menschen entstanden sein. Weil der Singsang beruhigend und anregend zugleich ist, wurde er nach und nach auch mit älteren Kindern und irgendwann mit Erwachsenen veranstaltet. Wollte man sein Gegenüber nun beruhigen, sang man.

Musik, Kuchen und Schachspiel

Bevor wir uns nun mit der Musik in der Gruppe und bei der Partnerwahl beschäftigen, wollen wir uns noch ein wenig den wechselnden Tonhöhen in Mutters Singsang zuwenden. Wechselnde Tonhöhen sind nicht so langweilig wie gleich bleibende Tonhöhen. Das heißt aber noch lange nicht, dass sie schön sind. Was macht die wechselnden Tonhöhen so schön, dass wir dafür Geld ausgeben, um sie als Konzert oder von CD zu erleben? Um dies zu verstehen, stellen Sie sich Mutters oder Omas Weihnachtsbraten vor. Oder Omas Weihnachtskuchen, wie Sie möchten. Lecker. Sie beißen hinein. Er schmeckt so lecker – wie immer. Nun wiederholen wir das Experiment. Er schmeckt diesmal anders. Ganz anders. Igitt. Jetzt der dritte Versuch. Der Weihnachtskuchen schmeckt nun wieder wie immer bei Oma, aber diesmal mit einer neuen Geschmacksnote nach Zimt oder nach Rotwein. Sehr lecker. Noch ein Beispiel. Sie wollen eine Tasse Kaffee trinken. Es riecht lecker nach Kaffee, Sie setzen die Tasse an die Lippen, trinken einen Schluck und es ist – Hühnerbrühe. Grauenhaft!

Höhere Tiere lieben es, in ihrer gewohnten Umgebung zu sein. Dort wissen sie, wie sie sich zu verhalten haben. Ungewohnte Umgebung macht sie unsicher. Im Laufe unseres Lebens entwickeln wir eine Vorstellung davon, wie Musik zu klingen hat. Und wenn ein Stück unseren Vorstellungen entspricht, dann finden wir es gut. Das fängt schon früh an. Neugeborene hören lieber Stimmen als Geräusche. Egal ob vom Mensch oder einem Affen. Aber schon nach drei Monaten werden die Babys wählerischer. Wenn man ihnen mehrere Stimmen zur Auswahl stellt, dann wählen die Babys die Stimme, die mit der Sprachmelodie spricht, die die Babys bisher gehört haben. Chinesische Babys bevorzugen die Stimmen mit chinesischer Sprachmelodie, französische Babys die Stimmen mit französischer Sprachmelodie usw.

Wenn aber all unsere Freude an der Musik nur aus der Vertrautheit herrühren würde, dann würden wir unser Leben lang nur vertraute Kinderlieder hören und wären dabei glücklich. Aber irgendetwas treibt uns dazu, immer neue, vom Gewohnten abweichende Musik anzuhören. Der wohlige Effekt des Vertrauten lässt wie jeder andere Reiz bei häufiger Wiederholung nach. Wir langweilen uns. Dieselbe evolutionäre Triebkraft, die die Langeweile bei steter Wiederholung erfunden hat, hat auch die Neugier erfunden. Unbewusst lauschen wir bei Melodien auf Abweichungen. Viele erscheinen uns als Fehler und sind uns unangenehm. Manche Abweichungen sind aber überhaupt nicht unangenehm. Wenn die gewohnten Regeln der Musik gebrochen werden – nicht komplett, sondern nur ein bisschen, sodass wir es noch überblicken können –, dann empfinden wir dies oft als interessant und aufregend. So wie das neue Gewürz in Omas Weihnachtskuchen. Sofort arbeitet unsere Kategorisierungsmaschinerie eifrig. Ist dieser Regelbruch ein zufälliger Fehler oder steckt dahinter eine Regel, die wir noch nicht kennen? Neugier bringt uns nicht nur dazu, Neues zu entdecken, sondern auch, das Neue verstehen zu wollen. Sobald wir die neuartige Abweichung verstanden haben, wird die dazugehörige Regel in unseren Pool von Musikerwartungen eingebaut. So wie wir auch erwarten, dass Oma nächstes Jahr zu Weihnachten das neue, aufregende Kuchengewürz erneut benutzt. Wenn sie das aber tut, ohne etwas am Rezept zu verändern, dann ist der Kuchen nächstes Weihnachten zwar ausgesprochen lecker, aber nicht mehr aufregend. So wie ein passionierter Schachspieler Freude empfindet, wenn er die Partie zweier Großmeister nachspielt. Bei jedem Zug überlegt er, was er selbst spielen würde. Sieht er dann, dass auch der Großmeister diesen Zug gewählt hat, erfüllt ihn dies mit Stolz und Freude. Manchmal aber ist er überrascht vom Zug des Großmeisters, versucht ihn nachzuvollziehen, und wenn er ihn dann verstanden hat, ist unser Schachspieler noch glücklicher. Er hat etwas Neues gelernt und seinen Horizont erweitert. So in etwa geht es beim Musikhören zu. Nur betrachten wir hier nicht den nächsten Schachzug, sondern den nächsten Ton. Und das mit einem Tempo von 120 Beats per minute. Beobachten Sie sich das nächste Mal beim Musikhören! Wie Sie den Tönen folgen, wie Sie Töne erwarten und wie Sie auf Erfüllung oder Nichterfüllung Ihrer Erwartungen reagieren.

Schreiendes Hyänenfutter

Ein Stück weiter oben hatten wir die Mütter und ihre Babys belauscht. Die Mütter versuchten, durch freundliche, vertraute, aber trotzdem abwechslungsreiche Töne ihre Babys zu beruhigen und zu erfreuen. Wie wir schon wissen, sind diese Töne der Kern dessen, was wir heute als Musik bezeichnen. Die Mütter wollen die Babys mit Musik beruhigen. Aber warum sollte sich ein Baby gerade von Musik beruhigen lassen? Was kann ein Baby mit dem melodischen Singsang seiner Mutter anfangen, was hört es heraus?

Vor allem: »Mama ist da«. Bei unserer haarigen Verwandtschaft hängen die Kinder im Fell der Mutter. Das Kind fühlt und riecht sie. Wir Nacktaffen legen das Kind des Öfteren beiseite. Wir haben kein Fell, in das das Kind sich krallen könnte. Und die Hände, mit denen die Mütter ihre Kinder herumtragen könnten, werden zum Nahrungserwerb gebraucht. Kind und Mutter leben also tagsüber öfter mal in einer Fernbeziehung. Verliebte mit Fernbeziehung greifen zum Telefon, um die Stimme des anderen zu hören. Und unser von seiner fleißigen Mutter abgelegtes Baby macht es ähnlich. Was bei einer Fernbeziehung die SMS »Ruf mich an!!!« ist, ist bei einem Baby das Schreien. Während man aber die SMS im Handy ruhen lassen oder auch löschen kann, sollte man Babys – zumindest in der Savanne – nicht schreien lassen. Nicht wegen der Lunge oder der Stimme, sondern wegen der Hyänen – und den anderen Räubern der Savanne. Und wenn nicht die Hyänen selbst kommen, so sind doch die Mitprimaten genervt. Zum einen, weil sie ihre Ruhe haben wollen, und zum anderen, weil auch sie die angelockten Hyänen fürchten. Es ist gezählt worden, dass Rhesusaffenmütter mit schreienden Kindern 30-mal häufiger Aggressionen ihrer Mitaffen erleiden mussten als Mütter mit stillen Kindern. Denken Sie an Ihre Gedanken über Mutter und Kind, wenn das Kind im Supermarkt in der Kassen-Schlange vor Ihnen quengelt und krakeelt. Was tut nun die zwei-fach unter Druck stehende Mutter? Die genervte Mutter kann das Kind hochnehmen und schaukeln und drücken. Das Kind wird ruhig, aber die Mutter nicht satt. Wir wissen inzwischen, wie die Mutter Nähe signalisieren kann und dabei die Hände frei behält. Die Kehlkopfklänge der Mutter geben dem Kind Sicherheit. Und die Hyänen? Die hören doch auch Mutters Gesang? Ist es sinn-voll, Kinderlärm durch Mutterlärm zu ersetzen? Lassen Sie vor Ihrem geistigen Ohr ein Baby aufheulen und dann die Mutter ein Schlaflied singen. Das Schlaflied ist nur so laut, dass es vom Baby gerade noch gut gehört wird. Singen ist also weniger gefährlich als Schreien.

Es haben also diejenigen Schreikinder besser überlebt, die sich von ihrer Mutter durch schönen und interessanten Stimmklang beruhigen ließen. Wer Gesang liebte, hatte einen Vorteil. Ebenso überlebten Babys sangeskundiger Mütter besser als die Kinder un-musikalischer Mütter, was die Fähigkeit zum Singen entwickelte.

Warum aber so umständlich? Hätte die Entwicklung nicht einfach zu leiseren Babys führen können? Warum waren und sind Babys so laut? Weil laute Babys schnellere und intensivere Zuwen-dung erfahren als leise Babys. Und das deshalb, weil laute Babys eher gefressen werden als leise Babys. Solange die erhöhte Gefähr-dung, die durch lauteres Schreien erzeugt wird, durch besseren Service von der angstvollen Mutter mehr als ausgeglichen wird, lohnt es sich, ein Schreihals zu sein. Die Babys erpressen sich die verstärkte Fürsorge der Mutter durch die Drohung »Kümmere dich um mich, oder ich lasse mich fressen!«. Eine Evolution hin zu leiseren Babys würde nur dann stattfinden, wenn die Mütter die Babys schreien lassen würden, ohne sich um sie zu kümmern. Aber welche Mutter bringt das übers Herz und würde sagen: »Kind, du schreist zu laut, du verdienst es, Hyänenfutter zu werden.«? Eher lassen sie sich solche verrückten Dinge wie Musik und Gesang einfallen, um ihre Schreihälse leise und damit am Leben zu halten.

Lausige Musik oder Musik statt Lausen
Ob Greis, ob Kind; ob Frau, ob Mann – alle lauschen sie gebannt der Musik. Ob Greis, ob Kind; ob Mann, ob Frau – alle singen und machen Musik. Wenn die Musik nur eine Mutter-Kind-Sache wäre wie das Stillen (auch das Wort »Stillen« zeigt die Bedeutung ruhiger Kinder), dann würde Musik nicht in Konzertsälen und Stadien, sondern höchstens in Mütter-Zirkeln stattfinden. Wie also wurde der Gesang und damit die Musik menschliches Allgemeingut? Die Babys und die Mütter besaßen irgendwann genug Musikalität, damit das hilflose, ins Gras gelegte Baby ruhig blieb. Nachdem das Kind dann laufen gelernt hatte, konnte es neben der Mutter hergehen und musste nicht mehr ständig beruhigt werden. Aber manchmal eben doch. Das Kind stolperte und erschreckte sich – Mutters beruhigendes Singen lenkte es ab, beruhigte es und schnell war die Welt wieder in Ordnung.

Irgendwann merkt das Kind, dass nicht immer nur Mama singen muss. Selbst gesungene Melodien machen die gleiche Freude wie Mutters Gesang. Oder sogar ein bisschen mehr, denn das Kind ist nun selbst Sänger und damit der Musik-Chef. Wenn es möchte, hört es eine selbst gewählte und selbst gesungene Melodie. Es erfreut sich an ihr und gleichzeitig daran, dass es sein eigenes Werk ist. Das Wohlgefühl lässt sich noch steigern. Wenn Mutter und Kind zusammen singen, kommen die schöne Melodie, Mutters vertraute Stimme und das schöne Gefühl, selbst zu singen, zusammen.

Aber irgendwann lebte das nun herangewachsene Kind nicht mehr bei der Mutter. Nun hieß es, wieder alleine zu singen. Oder sich jemand anderen zum Singen zu suchen. Bei langen Fußmärschen, bei gemeinsamer Arbeit oder abends am Feuer – gemeinsam singen macht Spaß. Aus vielen Kehlen ertönten nun die Kehlkopfklänge, angenehm und leicht zu erkennen durch ihre typische Zusammensetzung aus Grundfrequenz und Oberfrequenzen.

Das Gehirn erzeugt positive Emotionen, wenn wir Töne aus dem Kehlkopf einer entspannten Person hören. Erklingen mehrere Stimmen gleichzeitig mit ungefähr der gleichen Grundfrequenz, weckt das noch stärkere angenehme Gefühle in uns. Viele Stimmen gemeinsam mit der eigenen Stimme zu hören, wird vom Gehirn als gut und erstrebenswert bewertet und mit Wohlfühlhormonen belohnt. Und das verbindet die Singenden. Das gemeinsame Singen passierte wohl zum ersten Mal in einer Zeit, in der unsere Vorfahren schon ziemlich nackt waren und sich nicht mehr gegenseitig lausen konnten – aber möglicherweise noch vor Entstehung der Sprache, die dann das ausgiebige gemeinsame Palavern und Tratschen ermöglichte. Das gemeinsame Singen trug so zum Gruppenzusammenhalt bei. Und während auch der kontaktfreudigste behaarte Affe nur einige Artgenossen pro Tag lausen kann, so gibt es beim gemeinsamen Singen keine Obergrenze für die Anzahl der Sänger.

Erregend schön

Singend sitzen sie zusammen. Männlein und Weiblein. Und schon ist klar, dass wir an dieser Stelle zur Partnerwahl, zur Sexualauswahl zurückkommen, mit der wir dieses Kapitel ja begonnen hatten: »Mann müsste Klavier spielen können.«

Musik ist nicht durch Sexualauswahl entstanden. Nachdem sie aber ein Teil des täglichen Lebens unserer Vorfahren geworden war, ließ sich die Musik ganz gut als Hilfsmittel zur Partnerwahl benutzen. Wie weiter vorne im Buch schon gesagt, ist ein gelungener musikalischer Vortrag Beweis für ein gesundes Hirn. Jeder von Ihnen hat es sicherlich schon einmal erlebt, wie ein Mensch während des Musizierens Ihnen sexuell immer attraktiver erschien. Interessanterweise werden die Sängerinnen und Sänger meist stärker umschwärmt als die Instrumentalisten. Wieso das? Das wohlklingende Spielen eines Instruments ist doch mindestens genauso anspruchsvoll wie guter Gesang. Die Menschen interessieren sich beim Hören des Gesangs nicht nur für die Melodie und den Rhythmus. Unabhängig von der Musik analysieren wir ständig die Stimmen unserer Mitmenschen besonders gründlich. Wir wollen aus dem Klang der Stimme die wirklichen Emotionen und Absichten heraushören. Die Stimme verrät uns auch etwas über das Alter und die Gesundheit des Sprechenden bzw. Singenden. Junge gesunde Menschen haben klare Stimmen, die in ihrer Frequenzzusammensetzung einer schwingenden Saite entsprechen. Mit zunehmendem Alter oder bei Krankheit, z. B. bei einer Grippe, weicht der Klang vom Ideal ab. Hören Sie nun wunderschöne Melodien aus einem jungen gesunden Kehlkopf, dann erleben Sie das als Hochgenuss. Sollte der singende Kehlkopfträger auch noch dem von Ihnen bevorzugten Geschlecht angehören, dann reichen die Wirkungen des Gesangs von zunehmender Attraktivität des Sängers bis hin zur sexuellen Erregung.

Wenn wir mit offen stehendem Mund und weit aufgerissenen Augen staunend und bewundernd dem Gesang zuhören und uns dabei mehr und mehr von der Sängerin oder dem Sänger angezogen fühlen, dabei vielleicht sogar in Ekstase geraten, dann bietet uns die Darbietung vierfache Anregung:

1. Die Freude am musikalischen Erlebnis – Wiedererkennung und Abenteuer der Ton- und Taktfolgen.
2. Zwischenmenschliche Emotionen, ausgelöst durch Intonation, Wortwahl, Mimik und Gestik.
3. Den Klang der Stimme, der uns sagt, die oder der Singende ist kerngesund.

4. Das Erlebnis: »Die oder der Singende hat's drauf. Sie oder er kann so eine Show bieten!« Sie oder er ist also physisch und psychisch erste Wahl, also auch erste Partnerwahl.

Ich sah einmal die Aufführung einer sehr attraktiven Geigerin und einer nicht so attraktiven Sängerin. Ach ja, ein männlicher Gitarrist war auch dabei. All mein männliches Augenmerk ruhte auf der Geigerin. Und dann begann die Sängerin zu singen. Sie sang mit wunderbarer Stimme und bezaubernder Leichtigkeit. Sie ließ die Trauer, die Freude und die Wonne der Lieder zu mir hinüber- und in mich hineinwandern. Ich stand beeindruckt und verliebt da. Für mich war sie in diesem Moment die intelligenteste und begehrenswerteste Frau im Umkreis von hundert Kilometern.

Wie in diesem Beispiel angedeutet, bevorzugen auch Männer musikalische Frauen. Und Frauen bevorzugen musikalische Männer. Die Bevorzugung der Musikalität wirkt also in beide Richtungen. Beide Geschlechter sind deshalb gleich musikalisch, wie Untersuchungen belegen. Es wurde kein nennenswerter Unterschied gefunden. Zählen Sie beim nächsten Konzertbesuch die Musikerinnen und Musiker des Orchesters einmal durch! Schauen und hören Sie die Popmusik-Charts oder die Volksmusikparade! Sie werden überall ein einigermaßen ausgeglichenes Verhältnis von Frauen und Männern finden.

Aber hatten wir nicht ganz am Anfang des Kapitels den Popstar auftreten lassen, der wegen seiner vielen Verehrerinnen seine musikalischen Gene überdurchschnittlich weit verbreiten kann? Eine hochmusikalische Frau kann zwar ebenso viele Verehrer haben wie der männliche Popstar Verehrerinnen, keinesfalls aber so viele Kinder wie dieser. Wenn die Musikalitäts-Gene überwiegend von Männern weitergegeben wurden, findet dann nicht doch eine Auslese der Musikalität überwiegend über die männliche Linie statt? Wäre es dann nicht logisch, dass Männer etwas musikalischer sind als Frauen?

Auch über die weibliche Linie breiten sich Gene für Musikalität gut aus. Weibliche Musikstars haben zwar nicht mehr Kinder als andere Frauen, sie haben aber genetisch bessere, besser versorgte und damit auch erfolgreichere Kinder als andere Frauen. »Männer umschwirren mich wie Motten das Licht« sang Marlene Dietrich. Ob Opern-Diva oder Pop-Sternchen, diese Frauen werden angehimmelt und können sich die Männer aussuchen. Ihnen stehen nahezu alle mit guten Genen ausgestatteten, gesunden, erfolgreichen und sozial hochstehenden heterosexuellen Männer zur Auswahl. Männer, die für ihre Kinder und Enkel gute Startbedingungen schaffen können, wie zum Beispiel ein französischer Präsident. Ich habe hier die »Männer« bewusst im Plural gelassen. Es steht den Frauen in angehimmelter Position frei, sich mit einem Mann zu begnügen oder die Vorteile mehrerer Männer in Anspruch zu nehmen. Ihre Töchter und Söhne tragen dann neben den musikalischen Genen noch viele andere Erfolg begünstigende Gene der Väter in sich. Durch diese gute Gen-Kombination und durch die auch sonst günstigen Lebensbedingungen dieser Kinder breiten sich die musikalischen Gene auch über die weibliche Linie sehr erfolgreich aus.

Star hier, Star da, hier geht es ja zu wie in einem bunten Tratschblättchen. Wie vielen Mitbürgerinnen und Mitbürgern ist es schon vergönnt, ein Verhältnis mit einem bekannten Musiker oder einer bekannten Musikerin zu haben? Doch nur wenigen. Die Musikstars beiderlei Geschlechts tragen nur einen kleinen Teil zur Ausbreitung der Musikalitäts-Gene bei. Bei der normalen alltäglichen Partnerwahl – die natürlich für jeden daran Beteiligten etwas Besonderes ist – legen Frauen und Männer bezüglich Musikalität die gleichen Messlatten aneinander an. Musikalität ist erwünscht, aber nur ein Kriterium von vielen. Im Kapitel »Es ist Wahltag« hatten wir gesehen, dass die Bevorzugung eines Merkmals bei nur einem Geschlecht zur Herausbildung eines Geschlechtsunterschieds führt. Bei einer geschlechtsspezifischen Bevorzugung eines Merkmals werden auch die mehr oder minder zufällig vorhandenen Verknüpfungsgene mit bevorzugt. Sie sorgen dafür, dass das Merkmal nur bei diesem Geschlecht ausgebildet wird, beim anderen Geschlecht jedoch nicht. Bei den Genen für Musikalität ist das aber nicht so. Ein Musikalität-Geschlecht-Verknüpfungs-Gen, das dafür sorgen würde, dass nur die Söhne musikalisch sind, die Töchter aber nicht, hat geringe Weitergabe-Chancen. Unmusikalische Töchter mit geschlechtsdiskriminierenden Genen sind unattraktiver als musikalische Frauen mit geschlechtsneutralen Musikalitäts-Genen. Das heißt, diejenigen Gene, die einen Geschlechtsunterschied der Musikalität erzeugen, können sich nicht so erfolgreich verbreiten und damit auch keinen Geschlechterunterschied aufbauen. Musikalität vererbt sich an Söhne und Töchter gleichermaßen, weil sie beiden nutzt.

Sie mögen nun einwenden, dass die bedeutenden Komponisten ja fast ausschließlich Männer waren. Für diese Ungleichheit gibt es drei Gründe, die nicht gegen die Gleichbegabung der Geschlechter sprechen. Der erste Grund ist die soziale Benachteiligung der Frauen in der Vergangenheit und in der Gegenwart. Viele begabte Frauen hatten und haben gar nicht die Möglichkeit, ihr Talent als Komponistin auszuleben, weil sie sich mit Kindern und Küche beschäftigen mussten und müssen. Der zweite Grund: Wir haben ja ausführlich besprochen, dass junge Frauen die Wahl haben, junge Männer sich aber darum mühen müssen, erwählt zu werden. Darum ist der Druck auf junge Männer viel größer, mit ihren Talenten hausieren zu gehen. Begabte Frauen spüren nicht immer den Druck, ihre Begabung unbedingt ausleben zu müssen, Männer aber sehen in einer Begabung sofort die Chance, bei Frauen Eindruck zu machen. Eine Musikalitäts-Begabungs-Chance wird von Männern daher nur selten ungenutzt gelassen. Der dritte Grund dafür, dass die bedeutenden Komponisten fast ausschließlich Männer waren und sind, ist die größere Streuung von Eigenschaften innerhalb der Männerpopulation. Es gibt bezüglich jeder Fähigkeit mehr Idioten und mehr Genies unter den Männern als unter den Frauen. Bei der Herausbildung eines Mannes aus einer befruchteten Eizelle sind viel mehr genetische Schalter umzulegen als bei der Herausbildung einer Frau. Das beschreiben wir später noch genauer. Kurz gesagt: Durch die vielen möglichen Fehler beim Ein- und Ausschalten der Gene gibt es bei Männern mehr Abweichung vom Durchschnitt als bei Frauen. Außerdem haben Männer bei einem genetischen Fehler auf ihrem einen X-Chromosom kein zweites X-Chromosom, das ersatzweise abgelesen werden könnte. Das stattdessen vorhandene Y-Chromosom enthält keine Reserve-Daten. Dadurch führt jeder Fehler auf dem X-Chromosom immer zu einer Ausbildung dieses Fehlers im Körper. Auch das führt zu einer stärken Abweichung vieler Männer vom Durchschnitt. Die aus der höheren Fehlerrate resultierende höhere Männer-Genie-Rate finden wir bei den Physikern, den Schriftstellern und natürlich auch bei den Komponisten. Davon unbeeinflusst haben aber Frauen und Männer durchschnittlich die gleichen musikalischen Fähigkeiten.

Durch die Sexualauswahl beim Menschen wurde kein Musikalitäts-Unterschied zwischen den Geschlechtern erzeugt, wohl aber ein gewaltiger Musikalitäts-Unterschied zwischen den Menschen und seinen Primaten-Verwandten. Die Evolution, die so viele praktische Dinge geschaffen hat wie die Fingernägel und das räumliche Sehen, ist auch für die Musik verantwortlich. Die Musik ist sehr praktisch für Mütter und Babys. Für die meisten Menschen ist die Musik ein Hochgenuss. Dank den Müttern, Dank den Babys, Dank unseren wählerischen Vorfahren und Dank auch den Musikern und Komponisten aller verflossenen und lebenden Generationen. Musik macht glücklich. Wer glücklich ist, lebt länger. Auf Ihr langes Leben!

Ich möchte hier alle Schriftsteller, Lyriker, Maler, Bildhauer, Schauspieler, Regisseure, Choreographen, Komiker, Computerspielprogrammierer und alle anderen Kreativen um Entschuldigung und Nachsicht bitten, dass ich hier nur die Musiker und ihre Kunst präsentiert habe. Die Sexualauswahl wirkt bei Ihnen und Ihrer Kunst genauso wie bei den Musikern und Musikerinnen. Leider kann die Evolution von Sprache, Kunst und Humor in diesem Rahmen nicht betrachtet werden. Ich hoffe, dies an anderer Stelle nachholen zu können.

Teil III

Höhepunkt:

Baustelle Geschlecht

Junge oder Mädchen?
Von den Mühen der Embryos, Mann oder Frau zu werden

»Was wird es denn nun, Junge oder Mädchen? Kauft Ihr rosarot oder himmelblau?« Das sind oft die allerersten Fragen an werdende Eltern. Die Antwort ist meist: »Hauptsache gesund, das Geschlecht ist uns egal.« Aber eines von beiden wäre schon schön, oder?

Viel Mitspracherecht haben wir sowieso nicht beim Geschlecht unseres Nachwuchses. Da helfen auch keine Ernährungsregeln und Verkehrsempfehlungen. Über Junge oder Mädchen entscheidet nicht, ob Sie Süßes oder Salat essen oder letzte Nacht oben oder unten waren.

Ein einziges, unscheinbares, fädiges Chromosom fällt die Entscheidung darüber, ob ein Mädchen oder ein Junge auf die Welt kommt. Das klingt recht einfach. Kann aber auch kompliziert sein. Es kann sein, dass Neugeborene weder eindeutig männlich noch weiblich sind. Wie wird eine Frau zur Frau oder ein Mann zum Mann?

Zuerst steht dazu ein wichtiges Großereignis an, die Befruchtung. Die Keimzellen des Menschen (Samenzelle und Eizelle) vereinigen sich und schmeißen dabei ihren Hausstand zusammen. Jeder bringt 23 Chromosomen mit. Das befruchtete Ei mit nun 46 Chromosomen bezeichnet man als »diploid«. Davon sind zwei wichtige Chromosomen die Geschlechtschromosomen X und Y. Die weibliche Eizelle bringt immer ein X mit und das männliche Spermium ein X oder Y. Typischerweise ergibt die Kombination XX Eierstöcke und die Kombination XY Hoden. Das sind die Baupläne. Jetzt kann losgebaut werden.

Auf der Baustelle werden zuerst die weiblichen Pläne ausgepackt. Das Prinzip Eva ist sozusagen das »voreingestellte Geschlecht«. Damit Männchen überhaupt entstehen können, werden sogar raffinierte genetische und hormonelle Gegenstrategien benötigt. Ein einziger kleiner Fehler in der Männchen-Embryonalentwicklung und schon stellt sich der Schalter wieder auf »weiblich«. Auf der Odyssee zum Manne gibt es damit einige Hindernisse zu umschiffen. Und wie sieht das im Detail aus?

Wir gehen zurück auf Los. Während Sie sich – nach hoffentlich wundervollem Sex – neben Ihrem Partner erholen, geht für unsere Keimzellen der Job erst richtig los. Bis zu 100 Millionen Spermien werden bei einem einzigen Samenerguss auf die Reise geschickt. Die kleinen flinken Flitzer konkurrieren untereinander im Rennen zur Eizelle. Sie haben jeweils ein Y- oder ein X-Chromosom im Gepäck. Damit sind sie auch die Entscheider über die natürliche Frauen- und Männerquote in der Welt. Die Y-tragenden Spermien sind etwas leichter und damit schneller am Ziel. Die Spermien, die mit einem X beladen sind, gleichen das durch ihre Langlebigkeit aus.

Vom Samenerguss bis zur vollständigen Verschmelzung der Eizelle mit dem Spermium dauert es durchschnittlich 24 Stunden. Während Sie sich also immer noch wohlig neben Ihrem Partner in den Kissen rekeln, läuft im Eileiter der Countdown. Wer gewinnt das Rennen – X oder Y?

Nach dem Zieleinlauf des Siegerspermiums macht die frisch befruchtete Eizelle – jetzt die Zygote – die »Schotten dicht«. Sie verschließt ihre äußere Membran für die Millionen Nachzügler.

Nun starten anstrengende Bauarbeiten! Bereits einen Tag nach der Befruchtung beginnt die Eizelle sich zu teilen. Zwei, vier, acht, 16 Zellen entstehen, nach einer Woche sind es bereits über 100 und damit ein kleiner Zellhaufen. Dieser Embryo wandert gemächlich den Eileiter entlang in Richtung Gebärmutter. Er wird dabei unterstützt von den Bewegungen der Flimmerhärchen im Inneren des Eileiters.

In den ersten Wochen nach der Befruchtung wachsen dem Embryo die Zellen für die lebenswichtigen Organe. Diese sind die Zellen für die Nervenbahnen, das Rückenmark, das Herz und das Gehirn, die Lungen und den Verdauungtrakt. Außerdem werden die Zellen für die Keimanlagen gebildet.

Noch ist der Embryo völlig geschlechtslos. Die ersten Wochen im Mutterleib erlebt jeder Mensch als Zwitterwesen – offen für alle Möglichkeiten. Dort wo später der kleine Unterschied unter dem Feigenblatt entstehen wird, befinden sich bisher völlig undifferenzierte Keimdrüsen-Anlagen. Der Fachmann spricht bei diesen sehr frühen Vorläuferstrukturen unserer Genitalien auch wenig sexy von »Genitalwülsten«, »Urogenitalfalten« und dem phallusähnlichen »Genitalhöcker«. Zu diesem Zeitpunkt ist das Spiel jedenfalls noch nicht entschieden. Alles noch drin – Junge oder Mädchen.

Die zukünftigen inneren Geschlechtsorgane sind auch noch etwas ratlos und deshalb doppelt vorhanden – in männlicher und weiblicher Ausführung als Vorläufer der Eierstöcke und Eileiter sowie der Hoden und Samenleiter. Diese Vorläuferstrukturen sind als zwei verschiedene Gänge angelegt, die nach ihren Entdeckern Wolff'sche und Müller'sche Gänge genannt werden.

Beim männlichen XY-Fötus bilden sich später die Müller'schen Gänge zurück, die Wolff'schen Gänge werden zu den Samenleitern. Genau das Umgekehrte passiert beim weiblichen XX-Fötus. Hier werden die Wolff'schen Gänge eingeschmolzen. Aus den verbleibenden Müller'schen Gängen gehen Eileiter und Gebärmutter hervor.

Wer oder was überzeugt nun die wankelmütige Keimanlage, sich in die eine oder andere Richtung zu bewegen? Das untersuchte in den 1940er-Jahren der französische Wissenschaftler Prof. Alfred Jost in seinem Labor in Paris. Er entfernte weiblichen Kaninchen-Embryonen die Eierstöcke, um zu enträtseln, wie sich die seltsame Doppelanlage rückbildet. Die Föten entwickelten sich daraufhin völlig unbeeindruckt weiterhin weiblich. Nachdem er die Prozedur bei einem männlichen Kanichenembryo wiederholte und ihm die Hoden entnahm, erlebte er eine große Überraschung. Der XY-Fötus schlug den weiblichen Entwicklungsweg ein. Die bedeutende Erkenntnis war, dass kastrierte Säugetierföten unabhängig von ihrem genetischen Geschlecht Weibchen werden. Das heißt, es entsteht immer das weibliche Geschlecht, es sei denn, Signalstoffe aus den fötalen Hoden lenken die Entwicklung in die männliche Richtung.

Welche Signalstoffe könnten das sein? Die Forscher experimentierten weiter mit den Hodensekreten und fanden das männliche Sexualhormon Testosteron.

Die ganze Verantwortung für die Entwicklung des Mannes liegt von Anfang an beim Y-Chromosom. Wie schafft es das kleine Y-Chromosom einen ganzen Mann zu bauen? Für die Mannwerdung ist nur ein kleiner Genbereich auf dem kurzen Arm des Y-Chromosoms verantwortlich. Die Gensequenz heißt SRY. Das Kürzel steht für »sex-determining region of Y«.

Das Y-Chromosom mit seiner geschlechtsbestimmenden Region SRY gibt etwa in der sechsten oder siebten Schwangerschaftswoche den Befehl, Anti-Müller-Hormon und Testosteron in den Hoden zu produzieren.

Etwa ab der achten Schwangerschaftswoche beginnen die Sertoli-Zellen in den Hoden das »Anti-Müller-Hormon« auszuscheiden. Dadurch bilden sich die Müller'schen Gänge vollständig zurück, die sich sonst zu Eileitern und Gebärmutter weiterentwickeln würden.

Die Leydig-Zellen des Hodens sind für das Testosteron zuständig. Dieses Sexualhormon formt die Wolff'schen Gänge des männlichen Embryos in Samenleiter und Samenblase um.

Das Testosteron steuert auch den Aufbau der äußeren Genitalien. Wenn keine Testosteronproduktion stattfindet, bilden sich aus dem »Genitalhöcker« und den »Genitalwülsten« nach weiblichem Standardprogramm die Schamlippen und die Klitoris.

Nur wenn das männliche Sexualhormon vorhanden ist, bilden sich Penis und Hodensack aus den Höckern und Wülsten. Erst jetzt wird das Männchen zum Männchen beziehungsweise der Mann zum Mann.

Theoretisch könnte damit ab der zwölften Schwangerschaftswoche bei der Ultraschalluntersuchung die Entscheidung über die Farbe des Stramplers fallen.

Intersexualität
Frau, Mann oder ganz anders?

Zwei links, zwei rechts – wie beim Stricken. Zwei X-Chromosomen ergeben immer ein Weibchen und ein X und ein Y immer ein Männchen. Glauben Sie? Na, das wäre doch zu einfach. Die Natur zeigt uns die Zunge und präsentiert uns locker ein paar Ausnahmen von der Regel.

Geschlecht unklar?
Manchmal heißt die Antwort der Eltern auf die Frage nach dem Geschlecht ihres Kindes auch völlig ernstgemeint: »Wir wissen es nicht.«

Geschlecht undefiniert – das ist gar nicht so selten, wie Sie sich vielleicht vorstellen. Allein in Deutschland leben etwa 80 000 bis 120 000 Menschen, die nicht eindeutig dem Geschlecht Mann oder Frau zuzuordnen sind. Und das führt in einer »zweigeschlechtigen« Gesellschaft, die sogar Babywindeln, Wundertüten und neuerdings auch Überraschungseier streng nach Jungen und Mädchen trennt, zu größeren Problemen. Dann müssen im Alltag solche Entscheidungen gefällt werden, wie die, durch welche Toilettentür und in welche Sportumkleidekabine man geht. Von der Wehrpflicht und rechtlichen Regelungen ganz zu schweigen. Warum tauchen diese gesellschaftlichen Probleme überhaupt auf? Fehlt uns Souveränität und Lockerheit beim Thema Intersexualität? Wissen wir einfach zu wenig darüber?

Vielfalt der Geschlechter

Was definiert das Geschlecht eines Menschen – sind es die Chromosomen, die inneren und äußeren Geschlechtsorgane, das körperliche Erscheinungsbild oder die Psyche? Braucht es ein Y-Chromosom für einen Mann? Kann vielleicht eine Person mit einem Y-Chromosom auch eine Frau sein? Darf ein Mann trotzdem einen Eierstock haben? Das sind viele bisher unbeantwortete Fragen, die aber nicht aus der Luft gegriffen sind. Hinter ihnen stehen Menschen mit ihren Lebensgeschichten.

Die polnische Leichtathletin Ewa Kłobukowska startete 1964 bei den Olympischen Spielen in Tokio als Frau und gewann mit ihrer Staffel im 4-mal-100-Meter-Lauf eine Goldmedaille. Ein Geschlechtstest deckte dann etwas Ungewöhnliches auf. Sie hatte ein zusätzliches Y-Chromosom zu ihrem sonst weiblichen XX-Chromosomensatz. Das machte ihr den Sieg streitig. Der Weltleichtathletikverband strich »sie« oder nun »ihn« aus den Rekordlisten.

Ein weiteres Beispiel:

In Salinas, einem kleinen Bauerndorf in der Dominikanischen Republik, trat das ungewöhnliche Phänomen »Guevedoce« auf. »Guevedoce« bedeutet im Spanischen so viel wie »Penis mit zwölf«. Eine Vielzahl von Kindern, die als Mädchen herangewachsen waren, verwandelte sich während der Pubertät plötzlich in Jungen. Die Mädchen kamen mit unsichtbaren, inneren Hoden zur Welt. Erst später in der Pubertät wuchsen ihnen Hodensack und Penis. Sollte man sie nun als Mädchen bezeichnen, als Jungen oder als ein drittes Geschlecht?

Insgesamt, schätzen US-Mediziner, ist bei jedem 200. Baby das Geschlecht nicht eindeutig. Das heißt: Chromosomen, Gene, Hormone, Keimdrüsen und Geschlechtsorgane sind nicht alle eindeutig ein und demselben Geschlecht zuzuordnen.

Traditionell bezeichnete man Menschen mit Merkmalen beider Geschlechter als »Hermaphroditen« oder »Zwitter«. In den letzten Jahrzehnten hat sich der Begriff »Intersexuelle« durchgesetzt. Von wissenschaftlicher Seite spricht man heute von »Besonderheiten der Geschlechtsentwicklung« oder englisch »Disorders of Sex Development«, kurz DSD. Viele betroffene Menschen lehnen diesen medizinischen Begriff ab, da er sprachlich eine »Störung/Disorder« aufgreift. Intersexuelle sind nicht krank, sie sind anders gestrickt, so wie auch Mann und Frau anders gestrickt sind. Intersexuelle bezeichnen sich heute ganz selbstverständlich als intergeschlechtliche Menschen oder Hermaphroditen. Geläufig sind auch die Begriffe Herms, Zwitter und Inter.

Das Rätselraten zum Geschlecht beginnt in den meisten Fällen schon im Kreißsaal: Hat das Neugeborene einen winzigen Penis oder ist die Klitoris nur übergroß? Sind kleine Hoden ausgebildet oder sind es eigentlich vergrößerte Schamlippen? Um Klarheit über das Geschlecht zu bekommen, sind auch eine Chromosomenanalyse und eine molekularbiologische Untersuchung notwendig.

Manchmal werden die Betroffenen und ihre Familien erst im Laufe der Kindheit oder Pubertät mit neuen Tatsachen und einem anderen Geschlecht des Kindes überrascht. Etwa dann, wenn der Penis von Jungen nicht weiterwächst oder Mädchen keine Brüste entwickeln. Es können auch Erscheinungen auftreten, die typisch für das jeweils andere Geschlecht sind. Dann bekommen Mädchen auf einmal tiefere Stimmen und Bärte. Manchmal kommt es auch vor, dass Jungen plötzlich durch den Penis menstruieren.

Wie entsteht Intersexualität? Um die Frage zu beantworten, müssen wir nicht in die Ferne schweifen, sondern können gleich bei uns selbst anfangen. Denn wir hatten alle unsere Chance, als intersexueller Mensch auf die Welt zu kommen.

Wie entsteht Intersexualität?

Wir sind alle ein bisschen »inter«. Zumindest waren wir es, für eine kurze Zeit während unserer Embryonalentwicklung. Wer aufmerksam das vorherige Kapitel gelesen hat, weiß schon: Bis zur sechsten Schwangerschaftswoche waren wir alle Zwitter und hatten Keimanlagen für beide Geschlechter. Erst dann entwickelten wir uns mit viel Anstrengung in die weibliche oder die männliche Richtung.

Nobody is perfect. Und so kommt häufiger bei der Verwirklichung des Frau- oder Mann-Bauplans etwas dazwischen. Das tägliche Chaos auf einer Baustelle! Da fehlen Chromosomen oder es sind welche überzählig, die Enzyme versagen oder spezielle Hormone fallen aus. Rund 30 genetische und hormonelle Bedingungen können Intersexualität hervorrufen. Die komplette Liste ersparen wir Ihnen aber an dieser Stelle. Hier nur einige ausgewählte.

Eine wichtige Ursache für die Entstehung von Intersex-Phänomenen liegt in der anspruchsvollen Logistik beim Verteilen der Chromosomen. Schon das »Einpacken« der Chromosomen in die Eizellen und Spermien bietet zahlreiche Gelegenheiten dafür, durch vielfältige Chromosomenpackungen neben Männern und Frauen auch verschiedene intersexuelle Menschen entstehen zu lassen.

In der historischen Erstbeschreibung durch Mediziner wurden die Intersex-Phänomene beispielsweise als »Turner-Syndrom« oder »Klinefelter-Syndrom« bezeichnet. Die Intersexphänomene der Menschen werden aber heute nicht mehr als Störung oder »Fehler der Natur« angesehen, sondern als Ausdruck menschlicher Vielfalt.

Turner-Syndrom

Die Chromosomenverteilung läuft bei etwa 0,3 Prozent aller Babys etwas anders ab. Manchmal wird zum Beispiel ein X-Chromosom vergessen, wie beim Turner-Syndrom. Ein einziges X reicht aber aus, um körperlich ein weibliches Erscheinungsbild – wenn auch ohne funktionstüchtige Eierstöcke – auszubilden.

Klinefelter-Syndrom

Menschen, die gleichzeitig zwei X- und ein Y-Chromosom in sich tragen, haben das sogenannte Klinefelter-Syndrom. Es kommt bei etwa einem von 500 Jungen vor. XXY-Männer haben einen etwas weiblicheren Körperbau, weniger Bartwuchs und kleinere Hoden als durchschnittliche Männer.

SRY auf X-Chromosom

Ein Mann wird sogar zum Manne, ohne ein Y-Chromosom zu haben. Normalerweise liegt die »männermachende« Gensequenz (SRY) auf dem kurzen Arm des Y-Chromosoms. Beim »Gene-Durchmischen« in der Packstation kann sie aber auch auf einem X-Chromosom landen. Wer solch ein besonderes »männermachendes« X-Chromosom bekommt, wird äußerlich ein Mann. Ein Stückchen vom Y-Chromosom ist genug.

Echter Hermaphroditismus

Wird eine unterschiedliche Anzahl von XX- und XY-Chromosomen zusammengefügt, können verschiedenste Varianten entstehen, bei denen Eierstock und Hoden gleichzeitig ausgebildet werden. Dies wird als »echter Hermaphroditismus« bezeichnet.

Selbst wenn die XX- oder XY-Besatzung in voller Anzahl für die Entwicklung von Mann oder Frau an Bord ist, können immer noch Kandidaten darunter sein, deren Gene anderes vorhaben. Dann verändert sich das Wechselspiel der Hormone im Körper und wichtige Signale dieser Botenstoffe werden anders gelesen. Es entsteht eine weitere Form der Intersexualität – der Pseudohermaphroditismus. Dieses »Schein-Zwittertum« gibt es in weiblicher oder männlicher Ausprägung. Es kommt bei zwei bis drei Prozent der Geburten vor.

Androgenitales Syndrom

Weibliche Pseudohermaphroditen sind genetisch ganz »Frau«. Sie haben ein weibliches XX-Chromosomengeschlecht mit einem Eierstock. Äußerlich wirken sie aber männlich und haben zum Beispiel auch Bartwuchs. Weibliche Scheinzwitter entstehen durch das sogenannte »Androgenitale Syndrom« (AGS), einer der häufigsten Befunde für Intersexualität. Durch eine genetisch bedingte Stoffwechselerkrankung produziert die Nebenniere zu wenig des lebenswichtigen Hormons Kortisol. Um das Defizit auszugleichen, vergrößern sich die Nebennieren. Was allerdings auch dazu führt, dass sie viele männliche Sexualhormone bilden. Schon im Mutterleib entwickeln sich dann zwar weibliche Geschlechtsorgane, bei denen die Klitoris eher wie ein Penis aussieht. Daher spricht man auch von einem »Pseudopenis«.

Androgenresistenz

Im Gegensatz dazu sind männliche Pseudohermaphroditen genetisch »ganze Männer« (XY) und haben Hoden. Sie fallen aber durch eine weibliche Erscheinung auf, sie sind mitunter geradezu modelhaft schön. Das Phänomen »Männlicher Pseudohermaphroditismus« entsteht durch »Kommunikationsprobleme« zwischen den Hoden und Hormonrezeptoren. Die Hoden bilden ihr Testosteron. Dieses Hormonsignal nehmen die entsprechenden Rezeptoren im Körper nicht wahr, sie empfangen es nicht. Die männlichen Hormone entfalten ihre Wirkung nun nicht. Das nennt man wissenschaftlich »Androgenresistenz« (AIS). AIS kommt in unterschiedlich starker Ausprägung vor.

An dieser Stelle können wir nun auch endlich das Rätsel um die karibischen »Guevedoce«-Mädchen lösen, die im Alter von etwa 12 Jahren das Geschlecht wechselten und einen Penis entwickelten. Sie gehören auch zu den männlichen Pseudohermaphroditen, denn bei ihnen liegt eine Unterversorgung mit einem speziellen Enzym, der sog. »5α (alpha)-Reduktase-Mangel« vor.

Bei Menschen mit diesem Enzymmangel produzieren die im Körperinneren liegenden Hoden erst ab der Pubertät genug des männlichen Hormons Testosteron, um ein männliches Genital zu bilden. Diese Mädchen entwickeln sich deshalb erst in der Pubertät zu fortpflanzungsfähigen Männern.

Aus alledem wird klar, auf der Baustelle der Geschlechter gibt es keine Norm. Ob nun die Geschlechtsorgane größer oder kleiner sind, hier wird mit fließenden Übergängen gearbeitet.

Intersexualität früher und heute

Intersexualität gehört immer noch zu den Tabuthemen in unserer Gesellschaft. Sozialisierung, Erziehung und vieles andere orientieren sich streng an einer »zweipoligen« Gesellschaft – schön aufgeteilt in Mann und Frau. Auch bei niedrigen Schätzungen kann davon ausgegangen werden, dass jeder Mensch – vielleicht ohne es zu wissen – eine oder einen Intersexuellen kennt. Die fehlende Auseinandersetzung mit dem Thema Intersexualität liegt nicht nur an der mangelnden Aufklärung und der oftmals großen Unwissenheit in der Bevölkerung. Es gibt bisher auch keine genauen Zahlen zur Häufigkeit von intersexuellen Menschen. Diese Daten sind nur schwer zu ermitteln, da es keine genaue Definition von Intersexualität gibt. Es gibt keine homogenen Gruppen, sondern eine Vielzahl von Besonderheiten. Bis zu 4000 Varianten der geschlechtlichen Differenzierung sind bekannt. Dabei sind Chromosomenkombinationen, die nicht XX oder XY sind, zum Beispiel sehr verbreitet (bei bis zu einem von 500 Menschen).

Bis vor wenigen Jahren wusste der Normalbürger in Deutschland noch sehr wenig über Intersexualität. Noch weniger war über die Gefühlswelt der zwischengeschlechtlichen Menschen, ihr Körperempfinden und ihre Identität bekannt. Es gab bis 2011 keine »Tatorte« im Fernsehen, die ein solches Thema aufgriffen, es liefen keine öffentlichen Debatten über Sportlerinnen wie die Sprinterin Caster Senenya, die laut Chromosomensatz eigentlich ein Sprinter ist. Popularität bekam das Thema im Jahre 2002, als der mit dem Pulitzer Award ausgezeichnete Bestseller »Middlesex« des Amerikaners Jeffrey Eugenides erschien. Die Hauptfigur Calliope fühlt sich nicht eindeutig einem Geschlecht zugehörig.

154

Dabei ist Intersexualität nichts Ungewöhnliches und auch keine Erfindung unseres Zeitgeists. Zwitter gab es in der Menschheitsgeschichte schon immer. Sie wurden in Kunst und Philosophie verehrt als androgyne Ideale. Andererseits galten sie im alten Rom als Monster und wurden nicht selten im Zuge eines Reinigungszeremoniells getötet. Die Historie ist voll von Beispielen von Zwitter-Mythen, zum Beispiel bei den altbabylonischen Göttern. Die kulturelle Auseinandersetzung mit dem Thema reicht bis hin zur Stilisierung zwischengeschlechtlicher Menschen als medizinisches Problem.

Schon im Mittelalter mussten sich intersexuelle Menschen dem einen oder anderen Geschlecht zuordnen lassen, was aber im Erwachsenenalter noch einmal revidiert werden konnte. So ist das bis in das Preußische Allgemeine Landrecht von 1794 belegt.

Wenige Jahre später fanden Hermaphroditen im Bürgerlichen Gesetzbuch von 1896 schon gar keine Erwähnung mehr. Von nun an sah man intersexuelle Menschen als »Täuschung der Natur« an und gab mehr und mehr den Ärzten das Bestimm-Recht über das »wahre Geschlecht« dieser Personen. Im 20. Jahrhunderts wurden Menschen mit nicht eindeutigem Geschlecht immer öfter operativ behandelt.

Erste offizielle chirurgische Eingriffe zur Geschlechtskorrektur gab es in den 1960er-Jahren. Solche Eingriffe sind das Verkleinern einer Klitoris oder sogar deren Amputation, das Einsetzen einer Neovagina, die zeitlebens gedehnt werden muss, um mitzuwachsen, die Entfernung von Hoden oder die Verlegung der Harnröhre. Meist erfolgten bzw. erfolgen die Eingriffe in der ersten Woche nach der Geburt.

Die Entscheidung, zu welchem Geschlecht ein intersexueller Mensch operiert wird, ist oft von der Machbarkeit bestimmt. Es fällt Chirurgen ehrlicherweise einfach leichter eine Vagina zu formen, als einen Penis zu erschaffen.

Immer mehr intersexuelle Menschen treten heute offen und selbstbewusst als solche auf, wie zum Beispiel Tony Briffa, der

2008 in Australien als erster offen intersexueller Mensch zum Bürgermeister gewählt wurde.

Seit November 2013 gibt es in Deutschland erstmals nicht nur zwei Geschlechter. Die Revision des Personenstandsgesetzes gibt vor, dass, »wenn ein Kind weder dem männlichen noch dem weiblichen Geschlecht zugeordnet werden kann, die Angabe in das Geburtenregister weggelassen wird«. Intersexualität ist damit in Deutschland anerkannt. Im Erwachsenenalter können Intersexuelle selbst entscheiden, ob sie sich eindeutig einem Geschlecht zuordnen lassen oder nicht. Das ist nicht in allen Ländern so, zum Beispiel verlangen die Behörden in der Schweiz noch die eindeutige Angabe des Geschlechts Mann oder Frau.

Andere Länder sind schon weiter. In Australien gibt es sogar einen eigenen Status für Intersexuelle. Dort wird in den Dokumenten ein Kreuz bei »different« für »anders« eingetragen. Einige muslimische Länder, wie Nepal oder Pakistan, erkennen ebenfalls Intersexualität an.

Es wäre an der Zeit, intersexuellen Menschen auch bei uns ein offizielles »anderes« Geschlecht zuzugestehen.

Wie kommt das Geschlecht ins Gehirn?
Wer bestimmt, was wir sind und wen wir lieben?

Frauen und Männer sind verschieden. Und das nicht ohne Grund. Unser Geschlecht wird nicht nur von unseren primären und sekundären Geschlechtsmerkmalen gebildet. Auch von unseren »tertiären« Merkmalen – Fühlen und Denken.

Unser wichtigstes Geschlechtsorgan – das Gehirn – bestimmt unsere Denk- und Gefühlswelten, und damit, ob wir uns selbst als Frau oder als Mann empfinden. In vielen Fällen stimmt dieses Empfinden mit dem äußeren Erscheinungsbild überein. Aber es gibt auch Menschen, die sich fühlen, als wären sie in einem falschen Körper geboren. Die Koordinaten für das Mannsein und das Frausein sind nicht nur in unseren äußeren Geschlechtsmerkmalen, sondern auch in unseren Köpfen festgelegt.

Auch unser Begehren wird im Hirn gesteuert. Dort ist unverrückbar festgelegt, ob wir Frauen oder Männern lieben. Oder beide.

Und nicht zuletzt wird auch unser Temperament in unserem Gehirn manifestiert. So entstehen Powerfrauen und Softies – und alle Schattierungen dazwischen.

Der kleine Unterschied im Gehirn

Es ist kein Geheimnis – Frauen und Männer ticken unterschiedlich. Männer sind zum Beispiel aggressiver und können sich besser räumlich orientieren. Sie fangen und werfen besser als Frauen und lesen Landkarten und Baupläne leichter.

Dafür sind Männer meist nicht so einfühlsam. Diese empathischen Fähigkeiten ordnet man eher Frauen zu. Sie sind im Durchschnitt sprachbegabter, haben einen größeren Wortschatz und lernen oft Fremdsprachen schneller. Wie überall gibt es natürlich auch Ausnahmen.

Den Grund für diese Unterschiede suchte man lange in den anders strukturierten und unterschiedlich funktionierenden Gehirnen von Frau und Mann.

Auf der Suche nach den anatomischen Unterschieden in der Bauweise männlicher und weiblicher Gehirne haben sich schon Generationen von Wissenschaftlern die Finger wund geforscht.

Man weiß, dass Männer etwas größere Gehirne haben als Frauen – und auch, dass dies einfach nur auf ihre durchschnittliche größere Körpergröße zurückzuführen ist. Größeres Gehirn bedeutet nicht gleich höhere Intelligenz. Frauen kompensieren die Gehirngröße mit einer besseren Vernetzung der Nervenzellen.

Auch die »Hirnbalken«, die Verbindung zwischen den beiden Gehirnhälften, waren schon Objekte der Untersuchungen. Bei Frauen ermöglichen etwas dickere Hirnbalken einen stärkeren Informationsaustausch zwischen den beiden Hirnhälften. Sie nutzen für viele Tätigkeiten beide Hirnhälften und können damit »ganzheitlicher« denken als Männer, die jeweils nur eine Hirnseite nutzen.

In den Regionen der Stirn und des Schläfenlappens fand man außerdem bei Frauen eine höhere Dichte an Nervenzellen. Da diese Hirnbereiche auch für die Sprachverarbeitung und das Verstehen zuständig sind, könnte hier der Grund für die besseren kommunikativen Fähigkeiten von Frauen zu suchen sein. Allgemein herrscht die Meinung vor, dass Frauen sensibler auf emotionale Reize reagieren und mitfühlender sind. Das könnte an ihren aktiveren Spiegelneuronen liegen. Das sind spezielle Nervenzellen im Gehirn, die uns Stimmungen, Gefühle und die Körpersprache unserer Mitmenschen entschlüsseln lassen.

Und wie war das mit dem Thema »Männer denken nur an das eine – Sex«? Das ist natürlich Quatsch – sie denken genauso oft an Essen. Aber trotzdem findet man im männlichen Gehirn einen Bereich, der etwa zweieinhalb Mal größer ist als bei Frauen. Dieses Areal im Hypothalamus ist für den Sexualtrieb zuständig. In dieser »Sexzentrale« gibt es beim Menschen eine spezielle Neuronengruppe namens INAH3. Sie ist im männlichen Gehirn mehr als doppelt so groß wie im weiblichen.

In einem sind sich die Wissenschaftler einig: Das männliche und das weibliche Gehirn unterscheiden sich in etwa einem Dutzend anatomischer Merkmale. Diese kleinen biologischen Abweichungen in der Bauweise der Gehirne machen nur winzige Unterschiede im Alltag aus. Die durchschnittliche Intelligenz ist bei Männern und Frauen in etwa gleich. In der Gauß'schen Normalverteilungskurve sind Frauen dabei seltener hochintelligent oder geistig benachteiligt, sondern vor allem in der »goldenen Mitte«. Bei Männern gibt es mehr Extreme. Hochintelligenz und geistige Benachteiligung sind bei ihnen durchschnittlich häufiger.

Biologen, Neuropsychologen und Anatomen konnten den einen ganz großen, weltbewegenden Unterschied im Hirn von Frauen und Männern nicht finden. Die Forscher sind noch weit davon entfernt, den großen Zusammenhang – »das Geschlecht zwischen unseren Ohren« – zu verstehen. Welche Rollen spielen die einzelnen anatomisch bedingten Unterschiede in den Gehirnen für das unterschiedliche »Ticken« der Geschlechter? Es ist sehr schwierig, direkte Beziehungen zwischen der Bauweise unserer Gehirne und unserem komplexen menschlichen Verhalten zu erkennen und zu beschreiben.

Hormoncocktails – ab an die Zell-Bar!

Kleine Moleküle – große Wirkung. Die Verursacher der kleinen Abweichungen im Gehirn von Frauen und Männern sind unterschiedliche »Hormoncocktails«, die es zu verschiedenen Zeiten während der Embryonalentwicklung durchfluten. Bei der Befruchtung wird der Bauplan für eine Frau oder einen Mann festgelegt. Danach werden auf der Baustelle die »Jobs« an die verschiedenen Zellen verteilt, um einen ganzen Menschen wachsen zu lassen. Das passiert über chemische Signalstoffe, die Hormone. Und auf deren Mischung kommt es an.

Wir starten in unserer frühsten Phase als Embryo alle mit einem voreingestellten weiblichen Roh-Gehirn »Modell Eva«. Sollen Männer-Gehirne entstehen, übernehmen die männlichen Sexualhormone etwa ab der achten Woche das Kommando. Von den winzigen Hoden werden große Mengen Testosteron ausgesandt. Damit werden die ursprünglich weiblichen Schaltkreise im Gehirn zu solchen »männlicher Machart« umgeformt.

Dabei löst Testosteron in einigen Regionen des männlichen Gehirns ein zusätzliches Nervenzellenwachstum aus, etwa im Areal für den Sexualtrieb. Andere Gehirnbereiche, die für emotionale Wahrnehmung zuständig sind, werden so verdrängt. Das Gehirn strukturiert und organisiert sich männlich.

Mädchen erleben diese »Testosterondusche« in der Embryonalphase nicht. Sie entwickeln ein Gehirn mit »typisch weiblichen« Strukturen, die z. B. zu höherer Sprachbegabung führen. Hier liegt der Ursprung unserer unterschiedlichen Art zu denken und zu fühlen. Gehirnbereiche werden schon vor der Geburt – mehr oder minder stark – männlich oder weiblich geprägt. Weil verschiedene Gehirnbereiche zu verschiedenen Zeiten der Schwangerschaft ausgebildet werden, kann es – in Abhängigkeit von den gerade herrschenden Hormonkonzentrationen – vorkommen, dass zum Beispiel einige Gehirnteile stark männlich, andere schwach männlich und wieder andere weiblich geprägt werden.

Das also ist die Anlage. Später wird unser Gehirn vor allem von den Umwelteinflüssen beeinflusst und geformt – und von dem, was wir mit Begeisterung tun. Begeisterung ist Doping für das Gehirn – sie kitzelt und aktiviert unsere emotionalen Zentren. Das führt über die Ausschüttung von Hormoncocktails dazu, dass neue Nervenverbindungen geknüpft und bestehende Nervenbindungen verstärkt werden. Wie Muskeln werden diejenigen Nervenverbindungen immer stärker, die wir zur Lösung von Aufgaben benutzen.

Den Mädchen und Jungen sind wegen ihrer – durch verschiedene Hormoncocktails – unterschiedlich organisierten »Oberstübchen« verschiedene Dinge wichtig. Forscher fanden im Gehirn verankerte Verhaltensunterschiede. In wissenschaftlichen Studien wurde festgestellt, dass Jungen schon mit einem Jahr meist lieber mit Autos spielen, Mädchen dagegen mit Puppen oder Plüschtieren. Männliche Babys interessieren sich dafür, Dinge anzuschauen, weibliche Kinder betrachten lieber Gesichter. Die Frage danach, welche Rolle genau die vorgeburtlichen Prägungen spielen und welche die späteren Umwelteinflüsse, ist wissenschaftlich noch strittig.

Im weiteren Leben führen dann die Beschäftigung mit geschlechtstypischem Spielzeug und das damit verbundene Gehirntraining dazu, dass Mädchen und Jungen unterschiedliche Begabungen entwickeln.

Der Gehirnforscher Gerald Hüther findet dafür in seinem Buch »Männer – Das schwache Geschlecht und sein Gehirn« ein schönes Bild. Er vergleicht das Gehirn mit seinen genetischen Anlagen mit einem großen Orchester. Mit diesem Orchester kann man unterschiedliche Musikstücke spielen: Marschmusik oder auch Musik mit Violinen.

Das männliche Gehirn ist demnach ein Orchester, bei dem die Pauken und Trompeten nach vorn und die harmonischeren Instrumente etwas weiter nach hinten gerückt sind. Im Kopf kleiner Jungen sind es die lauteren Instrumente, die sie eher den Wettbewerb und die Herausforderung suchen lassen.

Ein Zuviel des männlichen Sexualhormons Testosteron steht übrigens im Verdacht, zu einem Gehirn mit autistischen Zügen zu führen. Kinder, die im Mutterleib besonders viel Testosteron ausgesetzt waren, fügen sich schwerer in Gruppen ein und interessieren sich weniger für ihre Umwelt. Sie sind sprachlich weniger begabt und auch weniger einfühlsam. Dafür liegen ihre Stärken im systematisch-analytischen Denken. Weil Autismus bei Männern drei bis fünf Mal häufiger auftritt als bei Frauen, wird die Erkrankung mitunter auch als eine extreme Form männlichen Denkens und Verhaltens angesehen.

In der Pubertät wird das männliche Gehirn zur Großbaustelle. Die Konzentration des Testosterons steigt bei Jungen zwischen dem neunten und 15. Lebensjahr dramatisch auf das 20- bis 25-Fache an. Diese Testosteronwelle tobt durch das Gehirn und den Körper. Dadurch erweitern sich die Schaltkreise für Sexualität und Aggression. Der jugendliche Tarzan geht öfter unkalkulierbare Risiken ein. Der hohe Testosteronspiegel aktiviert auch das sexuelle Verlangen. Plötzlich werden viele Sachen interessant, die bisher noch doof waren – wie Beziehungen und Sex.

Mädchen erleben in der Pubertät einen schwankenden Östrogen- und Progesteronspiegel. Das sorgt bei den Teenies schnell für Stimmungsschwankungen, Kicheranfälle und Heulkrämpfe.

Geboren im falschen Körper

Stellen Sie sich vor, Sie wachen morgens im Körper des anderen Geschlechts auf! Und Sie können die »falsche« Rolle nicht einfach zurückgeben. So geht es transsexuellen Menschen.

Was heißt Transsexualität genau?

Biologische Frauen, bei denen Gene, Keimdrüsen, Genitalien und sekundäre Geschlechtsmerkmale weiblich sind, können sich trotzdem als Mann fühlen. Der Körper ist weiblich, aber die Schaltzentrale im Gehirn tickt männlich. Umgekehrt können sich auch biologische Männer als Frauen empfinden. Solche Männer in Frauenkörpern werden als »Transmänner« und Frauen in Männerkörpern als »Transfrauen« bezeichnet.

Die meisten Transmänner und Transfrauen berichten davon, dass sie schon seit frühester Kindheit das Gefühl hatten, im falschen Körper zu stecken. Die Probleme wurden in der Pubertät dann noch offensichtlicher, als die Barthaare sprossen oder sich unter der Bluse der Busen abzeichnete.

In Deutschland leben geschätzt etwa 10 000 transsexuelle Menschen. Die Dunkelziffer ist noch höher. Davon sind etwa 75 Prozent Transfrauen.

Die Transmänner – maskuline, etwas burschikose emanzipierte Frauen – haben es in der Gesellschaft etwas einfacher, akzeptiert zu werden. Sie können sich durch Kleidung und Haarschnitt einfacher dem gefühlten Geschlecht angleichen. Transmänner heiraten seltener und bekommen seltener Kinder als der Durchschnitt und entscheiden sich oft für geschlechtsneutrale oder typisch männliche Berufe.

Transfrauen – Männer, die sich innerlich als Frau fühlen – haben ebenfalls eine lange »Reise in das eigene Geschlecht« hinter sich. Sie versuchen anfänglich, dem klassischen Männerbild zu entsprechen. Sie heiraten Frauen, gründen Familien und sind so gezwungen, ein »unehrliches Leben« zu führen. Dabei entscheiden sie sich meist für »männliche« Berufe. Sie wollen aber lieber als Frauen mit einer femininen Ausstrahlung leben. Wenn die

Transfrauen dann beginnen, ihr Aussehen durch Schminke und Frisur zu verändern und Röcke tragen, haben sie es oft schwer, akzeptiert zu werden.

Leider werden Transmänner und Transfrauen im Alltag oft stigmatisiert und im Zusammenhang mit Leidensgeschichten und Depressionen erwähnt. Dabei liegen die Ursachen dafür nicht im Trans-Sein, sondern in der mangelnden Akzeptanz durch das Umfeld. Gerade der Arbeitsplatz ist ein schwieriges Terrain für Transsexuelle. Eine Studie der Antidiskriminierungsstelle des Bundes von 2010 hat gezeigt, dass die Hälfte der Transpersonen am Arbeitsplatz ihr gewähltes Geschlecht geheim hält, aus Angst vor Nachteilen oder Jobverlust. In Europa und den USA sind 54 Prozent der Transsexuellen arbeitslos.

Die Ursachen für Transsexualität sind bisher noch nicht gut erforscht. Die Forscher gehen aber davon aus, dass ein Ungleichgewicht von Geschlechtshormonen in der vorgeburtlichen Phase für Transsexualität mitverantwortlich ist.

Früher gab es häufig Versuche, Transsexualität psychisch zu therapieren oder gar zu »heilen«. Doch man kann den Geist nicht an den Körper anpassen. Im Jahre 1966 gab es den ersten wissenschaftlich dokumentierten Fall, der tragisch zeigt, dass das angeborene gefühlte Geschlecht nicht einfach veränderbar ist. Dem acht Monate alten Bruce Reimer wurde bei einer Beschneidung versehentlich der Penis verstümmelt. Da man damals einen Penis noch nicht operativ wiederherstellen konnte, entschieden sich die Eltern für eine Umoperation zum Mädchen. Der Wissenschaftler John Money, der sich damals für geschlechtsumwandelnde Operationen bei Transsexuellen einsetzte, operierte Bruce im Alter von 21 Monaten äußerlich zu einem Mädchen um. In den 1970er-Jahren herrschte noch vielfach die Auffassung vor, dass biologische Faktoren für die Entwicklung der Geschlechtsidentität bedeutungslos seien.

So wurde Bruce nach der OP als Mädchen namens »Brenda« erzogen. Aber der Plan scheiterte. Brenda fühlte sich schon in der

Pubertät immer unglücklicher mit ihrem Geschlecht. Sie fühlte sich als Junge, lehnte weibliche Kleidung und Spielsachen ab. Mit 24 Jahren ließ Brenda sich schließlich wieder zum Mann operieren. Später heirate er seine Freundin und adoptierte deren Kinder. Im Jahre 2004 nahm sich Bruce Reimer das Leben. Die Ursachen für seinen Selbstmord sind bis heute unklar.

Seit den 1950er-Jahren gibt es eine Behandlung für transsexuelle Menschen, die den Körper an das gefühlte Geschlecht anpasst. Sie geht auf den amerikanischen Arzt Dr. Harry Benjamin zurück. Anfangs ist die Veränderung des Körpers mit Hormonen möglich. Die Gabe von Testosteron führt bei Frauen zur Vermännlichung mit Bartwuchs, einer tieferen Stimme und Muskelwachstum. Männern kann man zu einer weiblicheren Erscheinung mit der Einnahme von Östrogen verhelfen. Östrogen regt das Brustwachstum an und lässt die Muskelmasse schwinden. Zusätzlich ist es möglich, auch chirurgische Hilfe in Anspruch zu nehmen und das körperliche Erscheinungsbild durch geschlechtsangleichende Operationen gänzlich anzupassen.

In den meisten europäischen Staaten, wie Deutschland, Österreich, Belgien, Luxemburg, den Niederlanden, in der Schweiz und in einigen außereuropäischen Staaten ist es Transsexuellen erlaubt, ihren Vornamen ihrem gefühlten Geschlecht anzugleichen. In Deutschland erlaubt das Transsexuellen-Gesetz die Änderung des Vornamens (»kleine Lösung«) oder des Personenstands (»große Lösung«). In der Schweiz gibt es kein spezielles Transsexuellen-Gesetz. Auf gerichtlichen Antrag können dort nach einer Geschlechtsanpassung Vorname und Geschlechtsangabe in den Zivilstandsregistern geändert werden.

Der Begriff »Sex« sagt nichts über die sexuelle Orientierung aus. Es gibt heterosexuelle, homosexuelle und bisexuelle Transsexuelle. Deshalb bezeichnen sich viele Transsexuelle auch lieber als »Transidente«, weil es nicht vordringlich um Sexualität, sondern um Identität geht. Durch die Geschlechtsanpassung ändert sich meist wenig daran, ob sie Männer oder Frauen als Sexualpartner bevorzugen.

Wen begehren wir?

Heterosexualität ist wie Homosexualität eine angeborene, biologisch fundierte und normale Variante des Begehrens. Heterosexuelle und homosexuelle Menschen haben keine Wahl, auf welches Geschlecht sich ihr Verlangen richtet.

Homosexualität – die gleichgeschlechtliche Sexualität – ist ein Phänomen der menschlichen und tierischen Sexualität. Etwa acht Prozent der Menschen sind nicht eindeutig heterosexuell orientiert und mindestens zwei Prozent sind strikt schwul oder lesbisch.

Im evolutionären Sinne erscheint Homosexualität auf den ersten Blick nicht sinnvoll. Sie bringt keine Nachkommen für spätere Generationen hervor, aber sie entsteht in jeder Generation aufs Neue.

Es gibt zahlreiche Hinweise darauf, dass die sexuelle Präferenz des Menschen in den frühen embryonalen Entwicklungsphasen des Gehirns festgelegt wird. Die Hormone, denen der Fötus vor der Geburt ausgesetzt ist, scheinen auch bei der Entstehung der Homosexualität eine Rolle zu spielen. Bisher wurden keine bestimmten Gene zweifelsfrei als Verursacher für die sexuelle Orientierung gefunden. Möglicherweise spielen Genschalter, die bestimmte Genbereiche an- oder abschalten, eine Rolle bei der Entstehung homosexueller Neigungen.

Die Natur ist vielfältig. Mit dem Wissen von heute können wir die Vorurteile über Homosexualität mit Schwung über Bord werfen. Das schafft Platz in den Köpfen und in der Gesellschaft für Besseres.

Soziales Geschlecht – Stempel der Gesellschaft

Soweit so gut. Wir haben nun die embryonale Phase gut überstanden. Unsere Geschlechtsorgane und unser Gehirn sind entwickelt. Nun steht unsere Geburt an.

Wenn wir noch nicht per Ultraschall in die Schublade »Junge« oder »Mädchen« gesteckt wurden, dann übernimmt das spätestens jetzt die Hebamme. Mit geübtem Blick wird der Genitalbefund gescannt und den frischen Eltern mitgeteilt. Vor deren geistigen Augen beginnt der Farbfilm mit einer typischen Jungen- oder ein Mädchenrolle zu laufen. Das ist der Beginn unseres Lebens mit einer »rosa« oder »hellblauen« Tönung.

Schon vor dem 18. Monat scheint bei Kindern das Wissen um die eigene Geschlechtsidentität vorhanden zu sein. Wie Detektive fangen sie an, passende Informationen und Vorbilder auszuwählen, die zu echten Mädchen und richtigen Jungen passen. Die Medien und die Werbung tragen dazu bei, dass eine geschlechtsneutrale Erziehung vieler Eltern von vornherein scheitert.

Viele kennen die »Pinkifizierung« von kleinen Mädchen zwischen fünf und sieben Jahren, wie sie Cordelia Fine in ihrem Buch »Die Geschlechterlüge« beschreibt. In diesem Lebensabschnitt sind die kindlichen Vorstellungen über Geschlechterunterschiede am stärksten verhärtet. Dann muss bei Mädchen alles »Pink« sein, von der Brotdose bis zum Fahrrad. Ohne Rücksicht auf den kleinen Bruder, der das rosafarbene Fahrrad noch erben soll.

Nicht nur die Eltern, sondern auch Omas, Verwandte, Kindergärtnerinnen und Lehrer nehmen Einfluss auf unser Leben – mit stereotypen Aufforderungen wie »Jungen weinen nicht!« oder »Mädchen müssen brav sein!«

Bis zum Vorschulalter wissen Mädchen und Jungen ganz genau, »was Jungs und was Mädchen können«. Und was nicht. Sie fällen selbst hochgradig stereotype Urteile. Diese Stereotype sind auch an den Berufswünschen – Feuerwehrmann, Pilot, Friseurin und Kindergärtnerin – abzulesen. Mit etwas Unterstützung durch das Elternhaus und die Schule könnten Mädchen auch »Mathematikerin« oder »Astrophysikerin« nennen. Rollenbilder für berufstätige Frauen folgen besonders stark gesellschaftlichen Trends.

Stereotype darüber, was eine Frau kann oder nicht kann, sind übrigens gefährlich. Sie haben direkten Einfluss auf die kognitiven Leistungen von Frauen. Wird eine Prüfung mit dem Hinweis verbunden, dass Frauen dabei schlechter abschneiden, fällt ihre Leistung tatsächlich schlechter aus. Behauptet man, dass Frauen besser abschneiden, erfüllt sich die positive Erwartung.

Unser Gehirn ist eine Baustelle, auf der zeitlebens an- und umgebaut wird. Die Nervenzellen und Synapsen erlernen wiederkehrende Informationsmuster und bilden sie in unserer Hirnrinde ab. Der Alltag formt dynamisch unsere Gehirne. Das Gehirn von Taxifahrern zum Beispiel zeigt eine Anpassung an das intensive Navigationstraining, ihr Hippocampus ist größer und dessen Nervenzellen sind stärker vernetzt. Musiker, die vom frühen Kindesalter an beidhändig trainieren, entwickeln einen dickeren Hirnbalken zwischen ihren Gehirnhälften.

Ungenutzte Schaltkreise verkümmern. Die oft etwas schlechtere räumliche Orientierungsfähigkeit von Mädchen ist keine unabänderliche Tatsache. Das Problem ist hausgemacht. Mehr Bewegung draußen, Fahrradfahren, Kartenlesen und später selbstständiges Autofahren trainieren solche Fertigkeiten.

Die Evolution hat unser Denkorgan extra für Veränderungsprozesse optimiert. Wenn es um diese Fertigkeiten wie Lesen, Schreiben oder Einparken geht, dann spielen nicht nur das Geschlecht, sondern auch die Erfahrung, das Alter, die Kultur eine wichtige Rolle. Es gibt kein biologisch vorbestimmtes Frauen- oder Männergehirn. Jedes Gehirn ist einzigartig.

Teil IV

Entspannungsphase:

Menschen und andere Affen

Unsere haarigen Verwandten
Wie verkehrt man in unserer evolutionären Nachbarschaft?

Es begab sich aber zu der Zeit, als die Erde noch voller Saurier war, dass eine rattengroße, Insekten fressende Echse beschloss, gleichwarm zu werden, ihre Brut mit flüssigen Hautabsonderungen zu füttern und sich in ein Säugetier zu verwandeln. Die angehenden Säugetiere blieben lieber klein, um nicht den Sauriern ins Gehege bzw. ins Gebiss zu kommen. Eine neue flinke Gruppe kleiner Saurier – die Vögel – herrschten am Tage. So war es ratsam, sich nur nachts hinauszuwagen. Einige der Säugetierchen kletterten bei ihrer Jagd nach Insekten am liebsten auf Bäumen umher. Und da sind sie dann auch geblieben. Das wurden die Affen. Aus der großen Gruppe der Primaten – den Affen – haben sich nur einige wenige Arten dazu herabgelassen, sich wieder auf den Boden herab zu lassen. Im Geäst bekamen die Primaten auch mehr und mehr Appetit auf Früchte und Blätter – da musste man nicht so lange suchen.

Die verschiedenen nachtaktiven und großäugigen Lemuren, Loris und viele andere kleine Affen nennt man heute Feuchtnasenaffen. Von diesen trennten sich die Trockennasenaffen ab. Außer den Koboldmakis, die klein blieben, wurden die übrigen Trockennasenaffen so groß, dass sie sich auch tagsüber raus trauten. Diese sogenannten echten Affen trennten sich dann – wohl wegen kontinentaler Meinungsverschiedenheiten – in Neuweltaffen (Südamerika) und Altweltaffen (Afrika, Europa, Asien) auf.

Die Neuweltaffen entwickelten interessante Arten wie die Klammeraffen oder die Kapuzineraffen. Unsere engere Verwandtschaft sind aber die Altweltaffen. Ein Teil der Altweltaffen hat den Schwanz eingezogen und wurde zu den schwanzlosen Menschenaffen. Die übrigen Altweltaffen hängten ihren Schwanz in den Wind und blieben Schwanzaffen. Bekannte Schwanzaffen sind Stummelaffen, Meerkatzen, Mandrill und Paviane. Einige Paviane haben sich interessanterweise als einzige Schwanzaffen an das Leben in der offenen Savanne angepasst. Weil ihre Lebensbedingungen denen ähneln, die wohl bei der Menschwerdung herrschten, werden ihre ruppigen Gepflogenheiten vom Menschen gern untersucht.

Wir können das schwanzügliche Thema »Wie haben die Schwanzaffen und all die anderen Affen Sex?« nicht schwänzen.

Es gibt monogame Arten, es gibt Arten, die im Harem leben, und solche, die in gemischten Gruppen leben. Bei vielen Arten lässt sich keine typische Sozialstruktur benennen. Je nach Futterangebot, Raubdruck und anderen Umwelteinflüssen leben sie dort so und anderswo anders. Bei den Sulawesi-Koboldmakis weisen oft sogar Gruppen in nebeneinander liegenden Revieren verschiedene Strukturen auf.

Ganz beliebig sind diese aber nicht. Forscher zeichneten einen Stammbaum aller Affen und schrieben an die einzelnen Zweigen die Sozialstruktur der jeweiligen Affenart. Es ließen sich prinzipielle Muster erkennen. Die recht ursprünglichen nachtaktiven Feuchtnasenaffen leben überwiegend als Einzelgänger. Die Gruppenbildung setzte bei den Arten ein, die von nachtaktiver zu tagaktiver Lebensweise wechselte. Tagsüber ist es sinnvoll, gemeinsam Ausschau nach Räubern zu halten und sich gegenseitig zu warnen. Diese Gruppen aus vielen Männchen und vielen Weibchen sind typisch für die meisten tagaktiven Affen. Es ist aber immer unruhig, wenn viele Männchen beieinander sind. Bei einigen Arten haben einzelne Männchen alle anderen Männchen aus der Gruppe herausgeekelt. So entstanden Haremsstrukturen. Der andere Weg aus dem Dauerstress geht in Richtung paarweises Zusammenleben. Es gab bisher keine Entwicklungen, bei denen sich Einzelgänger zu Paaren zusammengeschlossen hätten oder dass aus einer Haremsstruktur heraus Paare entstanden wären.

Wie geht es nun bei den schwanzlosen Menschenaffen zu? Wie ist deren Paarungsverhalten, wo sie doch die sonst so beliebte Paarungsstrategie, das Umeinander-Herumschwänzeln, nicht mehr anwenden können?

Zu den Menschenaffen gehören die Gibbons, die Orang-Utans, die Gorillas, die Menschen, die Schimpansen und die Bonobos. Die Gibbons nennt man die kleinen Menschenaffen, die anderen die großen Menschenaffen.

Von der Abstammungslinie, die vom gemeinsamen schwanzlosen Vorfahren hin zum Schimpansen führt, zweigten sich vor 22 Millionen Jahren als erste die Gibbons ab, die sich als elegante Baum-Hangeler von Ast zu Ast schwangen und schwingen und dabei laute Gesänge abgeben. Als nächstes kletterten vor 16 Millionen Jahren die Vorfahren der Orang-Utans ihre eigenen Wege. Danach trennten sich vor acht Millionen Jahren die Gorilla-Vorfahren von den Schimpansen-Bonobo-Mensch-Vorfahren. Von diesen wiederum zweigten einige vor sechs Millionen Jahren ab, um Fußgänger zu werden. Die in den Bäumen Verbliebenen haben sich vor zwei Millionen Jahren in einer extrem trockenen Zeit, als es nur wenige kleine Waldgebiete in Afrika gab, aus den Augen verloren. Es entstanden die beiden Arten Bonobo (südlich des Flusses Kongo, tiefster Dschungel) und Schimpanse (nördlich des Kongo, aufgelockerter Dschungel).

Gibbons

Die Gibbons leben so, wie es dem Papst gefallen würde. Ein Paar lebt lange monogam miteinander, geht nur selten fremd und hat Sex nur alle paar Jahre, wenn sich Gelegenheit zur Zeugung bietet. Diese Lebensweise ergibt sich daraus, dass die Weibchen so verstreut leben. Die Weibchen leben da, wo das Futter ist. Wenn das Futter weit verstreut zu finden ist, dann klumpen sich die Weibchen nicht zu Gruppen zusammen, sondern hangeln einzeln durch die Waldwelt. Die Männchen sind da zu finden, wo die Weibchen sind. Weil kein noch so starkes und ausdauerndes Gibbon-Männchen in der Lage wäre, mehrere Weibchen-Reviere zu überwachen, bleibt den Männchen nichts weiter übrig, als sich einem einzelnen Gibbon-Weibchen anzuschließen. Und weil das Kind, das das Weibchen dann durch das Blätterdach trägt, aller Wahrscheinlichkeit seines ist, kümmert sich auch das Männchen um den Nachwuchs.

Orang-Utans

Die Orang-Utans sind geselliger als die Gibbons. Wenn es irgendwo einen Baum mit vielen Früchten gibt, dann hängt er bald nicht mehr voller Früchte, sondern voller friedlich miteinander schmausender Orang-Utans. Meist aber knabbern die Orang-Utans junge Blätter, Rinde und Insekten. Weil diese aber nicht so gehäuft wachsen und krabbeln, verteilen sich die Orang-Utan-Frauen über das Gelände. Die Reviere der einzeln umherziehenden Orang-Utan-Frauen sind aber nicht riesig. So kann es ein starker Orang-Utan-Mann schaffen, sein Revier über die Reviere mehrerer Orang-Utan-Frauen auszudehnen.

Die Männchen kämpfen brutal und blutig um die Position des Revierherrschers. Der Revierherrscher kann all die Orang-Utan-Frauen seines großen Revieres nicht ständig im Auge behalten. Aber er kann sie regelmäßig besuchen. Besonders dann, wenn ein Kind so groß geworden ist, dass die Orang-Utan-Frau wieder fruchtbare Tage hat. Bei einer solchen Begegnung sind die Frauen dann begierig auf Paarung und können auf großartige Umwerbung verzichten.

All die Orang-Utan-Männer, die den Kampf mit dem Alphamann scheuen, klettern als frustrierte Singles quer durch die Reviere der Frauen. Sie versuchen sie mit kleinen Nettigkeiten und

Geschenken für sich einzunehmen. Doch sie werden verschmäht, weil sie nicht wie ein richtiger Mann aussehen. Denn für die Orang-Utan-Männer gibt es zwei Körperzustände. Nach der Jugend bleiben sie oft noch viele Jahre jungenhaft und werden deshalb vom Revierherrscher nicht als Konkurrenz angesehen. Wenn die Gelegenheit günstig erscheint, die Position des Revierherrschers zu erkämpfen, dann wird ein Orang-Utan-Mann vom Männlichkeitshormon Testosteron durchflutet, ihm wachsen die typischen Gesichtsschwellungen und ein Kehlsack zum lauten Rufen. Er wird kampfwillig und fordert den Revierherrscher zum Kampf heraus. Der Orang-Utan-Mann riskiert seine Gesundheit und sein Leben, um Revierherrscher zu werden und ungehindert Sex zu bekommen. Dieser Lebensstil fördert natürlich Gene für Größe, Kraft und Aggressivität. Als Ergebnis der brutalen Machtkämpfe um Vermehrungsmöglichkeiten sind die Orang-Utan-Männer deutlich größer als die Orang-Utan-Frauen. Das aber hat einen unangenehmen Nebeneffekt. Die von den Frauen verschmähten und frustriert in der Gegend herumhangelnden Orang-Utan-Männer brauchen wegen ihrer körperlichen Überlegenheit die Orang-Utan-Frauen nicht mehr um Paarungsgelegenheit zu bitten. Die Orang-Utan-Frauen werden immer wieder von einzeln umherstreunenden Orang-Utan-Männern vergewaltigt. Bei den auf Sumatra lebenden Orang-Utans stammen nur fünfzig Prozent der Kinder vom Haremsherrscher. Auf der Insel Borneo sollen es noch deutlich weniger sein.

Man nimmt an, dass die Orang-Utans früher in Gruppen gelebt haben und durch Klima und Vegetationsänderungen nach der Eiszeit immer vereinzelter leben mussten. Wenn sich die Nahrungsdichte erhöhen würde, würden sie sofort zum Gruppenleben zurückkehren. In Zoos, wo es keinen Futtermangel gibt, leben sie lieber gemeinsam als einsam.

Wenn die Futterdichte aber abnehmen sollte und die Abstände zwischen den Orang-Utan-Frauen noch größer werden würden, würde die Entwicklung wohl in die Richtung der gibbongleichen

Monogamie laufen. Denn wenn es keinen Pascha mehr in Reichweite gäbe, würden sich die Orang-Utan-Frauen mit einem einzelnen, gewöhnlichen Orang-Utan-Mann einlassen.

Diese »Wenn dann würde«-Überlegungen sind aber nur evolutionsbiologische Träumereien. Praktisch stehen die Orang-Utans vor ihrer Ausrottung. Wenn nicht energische Maßnahmen zu ihrem Schutz unternommen werden, werden nur ein paar Zooexemplare überleben. Eine gute und ergreifende Darstellung der Orang-Utans, ihrer Gefühlswelt, ihrer Intelligenz und der Gefahren, die ihnen drohen, finden Sie in »Die Denker des Dschungels« von Gert Schuster.

Gorillas

Gorillas, die sanften Riesen, leben in Gruppen bestehend aus einem Männchen und mehreren Weibchen. Die Gorillas fressen Teile verschiedener Pflanzen, die gleichmäßig und ausreichend wachsen. Es besteht kein Druck, zwingend in einer Gruppe zu leben, um gemeinsam Futterquellen wie fruchttragende Bäume oder Ähnliches zu verteidigen. Bei ihrer Größe haben die Tiere auch keine Feinde, vor denen sie sich gegenseitig warnen müssten. Es sind vielmehr die Eigenheiten des Zusammenlebens, die zum Gruppenleben führen.

Junge Gorilla-Frauen verlassen beim Erwachsenwerden die Gruppe, um sich einen Mann zu suchen. Auch die jungen Gorilla-Männer – bis auf einen Lieblingssohn, der mal den Harem übernehmen soll – ziehen los, wenn sie in die Pubertät kommen. Dabei schließen sich manchmal eine Gorillafrau und ein Gorillamann zusammen. Doch die monogame Eintracht währt meist nicht lang. Im günstigen Fall schließt sich ihnen eine zweite oder dritte junge Gorillafrau an. Das passt der ersten Gorillafrau zwar nicht sehr, aber immerhin bleibt sie die erste und damit auch die ranghöchste Frau. Im ungünstigen Fall – und der tritt viel häufiger auf – lauert dem jungen Pärchen ein älterer, stärkerer Gorillamann auf, besiegt den jungen Gorillamann im Kampf, nimmt ihm die Gorillafrau weg und steckt sie in sein Harem. Das ist doppelt unangenehm für die junge Gorillafrau. Erstens wird ihr Kind sofort vom Sieger getötet und zum Zweiten ist die neue junge Gorillafrau nun unbeliebtes Schlusslicht in der Frauenhierarchie. Und doch läuft sie meist nicht zurück. Im neuen Harem des erfahrenen, starken, siegreichen Gorillamanns ist die Gefahr, wieder geraubt zu werden deutlich kleiner als mit einem jungen, unerfahrenen Gorillamann. Jedes Geraubt-Werden bedeutet den Tod eines Kindes. Ein Drittel aller Gorillakind-Todesfälle gehen auf das Konto von Gorilla-Männern.

Die einen Harem besitzenden Gorilla-Männer sind brutal gegenüber konkurrierenden Männern und fremden Kindern. Den Frauen ihres Harems gegenüber können sie nett sein und mit ihren eigenen Kindern spielen und tollen sie. Sie verteidigen ihre Kinder unter Einsatz des eigenen Lebens.

Die Berichte, die Dian Fossey in »Gorillas im Nebel« über das Leben der Gorillas schreibt, lesen sich so, als ob ein Drehbuchautor versucht hätte, Teletubbies, Teenagerkomödie, Operndrama und Horrorgeschichte gleichzeitig in einer Vorabendserie unterzubringen. Sie lesen sich wie Berichte über geschlechtsreife, bärenstarke Erstklässler.

Schimpansen

Das Zusammenleben der Schimpansen hat erst einmal viele Ähnlichkeiten mit dem der Gorillas. Mit einem kleinen Unterschied allerdings, und der hat weitreichende Folgen. Bei den Schimpansen verlassen nur die jungen Frauen die Gruppe und alle Söhne bleiben da. Nun wird der Job als Harems-Chef noch anspruchsvoller und anstrengender. Der Harems-Chef muss sich nun nicht nur alle paar Wochen mit den anderen Harems-Chefs herumschlagen, sondern tagein tagaus die zwischen seinen Frauen herumspringenden Männer von der Paarung abhalten. Die Gorilla-Harem-Chefs gestatten es ein oder zwei eng verwandten Männern, mit in der Gruppe zu leben. Sie helfen beim Kampf gegen Konkurrenten und bekommen dafür kleine sexuelle Zugeständnisse und die Aussicht auf Nachfolge. Wenn aber wie bei den Schimpansen viele Männer mit in der Gruppe sind, dann wird es unübersichtlich. Die Schimpansen-Frauen wiederum müssen sich dem Drängen der vielen sexuell unausgeglichenen Schimpansen-Männer in der Gruppe erwehren.

Was können Schimpansen-Frauen tun, um wirklich nur Sex mit dem Alphamann zu haben? Denn Sex mit dem Alphamann ergibt die Chance, dass vielleicht einer ihrer Söhne auch einmal Alphamann wird. Während aber die Orang-Utan-Frauen und Gorilla-Frauen an ihren fruchtbaren Tagen in aller Ruhe zum Alphamann gehen und mit ihm Sex haben, setzen die Schimpansen-Frauen ein Signal »Ich bin jetzt fruchtbar«, das alle anwesende Männer in Unruhe versetzt. Sie signalisieren dem Alphamann »Wenn du mich willst, dann pass auf mich auf«. Anders als bei den Orang-Utans und Gorillas schwellen die Genitalien an den fruchtbaren Tagen zu unübersehbaren Riesenbeulen. Durch diese starken Signale findet der Kampf des Alphamanns gegen die Konkurrenten nicht mehr nur gelegentlich statt. Vor jedem Geschlechtsverkehr muss der Alphamann durch Drohungen klarmachen, dass er – und nur er – dran ist. Dieses Unter-Druck-Setzen der Männer ist eine geschickte Doppelstrategie der Frauen. Erstens ist durch die Aufmerksamkeit des Alphamanns sichergestellt, dass keiner der Männer mit niedrigem Rang der Frau zu nahe kommt. Von Sex mit diesen Männern hätte sie keinen Vorteil. Stattdessen hat sie Sex mit dem Alphamann. Was aber, wenn mehrere Frauen gleichzeitig ihre fruchtbaren Tage haben oder der Alphamann ein Schläfchen macht? Dann drängeln sich die anderen Männer heran. Von diesen kommt wieder der höchstrangige zum Zuge. Dieser Sex mit einigen Nicht-Alphamännern kann sehr wichtig sein, für den Fall, dass mal wieder der Alphamann durch Gewalt abgelöst wird. Der neue Alphamann hat ja üblicherweise nichts Eiligeres zu tun, als erst einmal alle Babys zu ermorden, um die stillenden Mütter wieder fruchtbar zu machen.

Wenn der neue Alphamann in der Zeit vor dem Wechsel Sex mit der Mutter eines Babys gehabt haben sollte, dann lässt er das Kind am Leben. Um allen infrage kommenden zukünftigen Alphamännern Gelegenheit zu geben, sich als möglicher Vater zu fühlen, leuchten die Signale für fruchtbare Tage einige Tage länger, als die Frau wirklich fruchtbar ist. So bekommen alle potentiellen Alphamann-Kandidaten Gelegenheit. Trotzdem ist es noch gefährlich für Mütter. Schimpansen-Frauen mit Kindern halten sich oft abseits der großen Männeransammlungen auf und ziehen tagsüber allein durch den Urwald, um Übergriffe auf sich und das Kind durch rangniedrigere Männer zu verhindern.

Weil die fruchtbaren Schimpansen-Frauen so begehrt und beliebt sind, werben die Schimpansen-Männer um ihre Gunst. Schimpansen-Männer teilen ihr Futter viel großzügiger mit Frauen mit deutlichen Schwellungen als mit Frauen ohne erregende Schwellungen. Die Schwellungen sind zwar empfindlich und beim Sitzen ausgesprochen unpraktisch, doch für ein paar Leckereien extra kann es sich auch lohnen, die Schwellungen den Männern ein paar Tage länger vor die Nase zu halten. Während der Hälfte des Ovulationszyklus signalisieren die Schimpansen-Frauen Paarungsbereitschaft, gaukeln Fruchtbarkeit vor und verdrehen den Männern die Köpfe.

Der Harem der Schimpansen gleicht dem Harem eines kurz vor dem Bankrott stehenden Paschas. Statt Eunuchen helfen ihm seine Söhne und andere männliche Verwandte, den Laden zusammenzuhalten. Die Haremsfrauen kümmern sich um ihre eigenen Dinge, sind ziemlich selbstständig und lassen sich schlecht überwachen. In dieser schwierigen Situation versucht der Noch-Pascha mit Intrige und Gewalt die Macht und den Zugang zum Sex zu sichern. Das gelingt ihm aber nur noch teilweise. Nur noch ein Teil aller Kinder ist von ihm.

Auch ohne Genanalyse und genauer Beobachtung des Paarungsverhaltens in Zoo und Dschungel lässt sich mit einem Blick erkennen, dass der Alphamann nicht der einzige mögliche Vater ist. Ein Blick auf die gewaltigen Hoden der Schimpansen zeigt: »Bei den Schimpansen herrscht Spermienkrieg«. Den Gorilla-Alphamännern, die ihre Frauen streng bewachen, reichen kleine Hoden, weil ja nahezu jeder Schuss – nur alle paar Jahre erforderlich – trifft. Die Schimpansen-Frauen aber verkehren während ihrer fruchtbaren Tage mit mehreren Schimpansen-Männern. Aber nur einer davon wird Vater. Je größer die Spermamenge, desto größer die Chancen auf Vermehrung. Der Kampf der Spermien wurde immer wichtiger im Vergleich zum Kampf Mann gegen Mann. Daraus ergab sich auch ein geringerer Größenunterschied zwischen Schimpansen-Männern und Schimpansen-Frauen. Der Geschlechter-Größenunterschied ist viel kleiner als der bei Gorillas und etwa so groß wie beim Menschen.

Bei den Schimpansen sind aber nicht nur die Männer brutal. Die Schimpansen-Frauen – die ja meist nicht miteinander verwandt sind – gehen argwöhnisch und misstrauisch miteinander um und streiten um das Futter und die Gunst des Alphamanns. In harmlosen Fällen werden rangniedrigere Frauen beim Verkehr gestört, in zugespitzten Fällen werden die Kinder von konkurrierenden Frauen getötet.

Schimpansensex ist eine sehr schnelle Sache. Schimpansen-Frauen brauchen nur zehn bis 15 Sekunden bis zum Orgasmus – aber der durchschnittliche Verkehr bis zur Ejakulation dauert durchschnittlich nur fünf bis sieben Sekunden. Außer dem Alphamann stehen alle Schimpansen-Männer beim Sex unter Stress. Sie müssen fertig werden, bevor sie entdeckt und vertrieben werden. Schimpansen-Frauen spüren, wer sich Zeit lassen kann. Wer sich Zeit lässt, muss ein wichtiges Tier sein.

Bonobos

Die Bonobos sind den Schimpansen in vielem ähnlich, haben aber einige interessante Eigenheiten. Ihr Körperbau ist etwas schlanker, etwas menschenähnlicher als der gedrungene Körperbau der Schimpansen.

Bei den Bonobos haben die Haremsfrauen das Ruder übernommen. Niemand bewacht sie. Aus dem ehemals streng bewachten Harem wurde eine bisexuelle Frauen-WG, die auch Männerbesuch empfängt, mit ihm Spaß hat, ihn aber nicht über Nacht bleiben lässt.

Die Bonobo-Frauen nehmen die Vorteile der so erregenden Schwellungen noch etwas stärker in Anspruch als die Schimpansen-Frauen. Bei den Bonobo-Frauen ist fast während des ganzen Zyklus das Signal auf »fruchtbar« gesetzt. Sie zeigen dieses Signal – anders als die Schimpansen-Frauen – auch während der Schwangerschaft und der Stillzeit. Schimpansen-Frauen haben die gut sichtbaren Schwellungen während etwa fünf Prozent ihrer Lebenszeit. Bonobo-Frauen zeigen sie die Hälfte ihres Lebens.

Die Bonobo-Frauen haben den Spieß umgedreht. Da Säugetierweibchen generell viel mehr Aufwand mit dem Nachwuchs haben als die Säugetier-Männchen, konnten sie es sich leisten, wählerisch zu sein. Die Säugetierweibchen wählten oft die stärksten Männchen, bis diese so stark waren, dass die Männchen die Weibchen tyrannisieren konnten. Bonobo-Frauen sind mit dem sonst so knappen Gut Sex so freizügig, dass es die Bonobo-Männer nicht mehr nötig haben, andere Männer zu bekämpfen, um an Sex zu kommen. Der Kampf der Männer untereinander könnte den Bonobo-Frauen ja egal sein, aber die Männer haben sich durch freigiebigen Sex wegen möglicher Vaterschaft das Ermorden der Kinder abgewöhnt. Viel Sex ist für die Bonobo-Frauen eine erfolgreich Kindermordverhinderungsstrategie, deshalb ist ihnen stets sexuell zumute.

Frau muss sich dabei nicht nur auf Männer beschränken. Die Frauen leben ihr Bedürfnis nach Stimulation – das von den Bonobo-Männern beim 15-Sekunden-Sex nicht immer befriedigt wird – auch mit Frauen aus. Das hat einen großen Einfluss auf die Gruppenstruktur. Während die Schimpansen-Frauen einander nicht besonders unterstützen und versuchen, sich gegenseitig an den Rand zu drängen, bilden die Bonobo-Frauen eine enge Gemeinschaft, die die Männer in Schach hält. Bei einem Experiment in einem zoologischen Garten wurden zwei Bonobo-Frauen und ein Bonobo-Mann, die sich noch nicht kannten, zusammengebracht. Der Bonobo-Mann versuchte erst einmal, sich wichtig zu machen und den Sex zwischen den beiden Frauen zu verhindern. Nach einigen Runden weiblichen Genitalreibens waren die beiden Frauen dicke Freunde und ließen sich vom Bonobo-Mann nicht mehr beeindrucken.

Die Bonobo-Frauen sind aber nicht wahllos beim Sex mit den Bonobo-Männern. Es gibt schließlich eine Hierarchie unter den Bonobo-Männern. Die Bonobo-Frauen haben den meisten Sex mit den höherrangigen Männern, die anderen müssen sich schon etwas strecken, um gelegentlich dran zu kommen. Manchmal haben die Bonobo-Frauen auch persönliche Vorlieben, die nicht ganz dem Hierarchieschema entsprechen.

Der Alphamann kann Bonobo-Frauen nicht kommandieren, denn hier haben die hochrangigen Frauen die Macht. Sie greifen gerne einmal in die Machtkämpfe der Männer ein und entscheiden so oft über deren Ausgang. Doch es sind nicht die Geliebten, die helfen – sondern die jeweiligen Mütter der Männer. Die Mütter hoffen, durch den höheren Rang ihrer Söhne mehr Enkel zu bekommen.

Bei den Schimpansen betreiben die Männer Koalitionsspiele. Ein aufstrebender kampfbereiter Schimpansen-Mann sucht sich Verbündete, mit denen er gemeinsam den Alphamann zu stürzen versucht. Ist ihm das gelungen, muss er seinen Verbündeten etwas vom erbeuteten Sex-Kuchen abgeben und ein Auge zudrücken, wenn sich seine Kumpane mit den Schimpansen-Frauen beschäftigen. Die Bonobo-Männer haben solche Dinge nicht nötig. Ihnen teilt kein anderer Mann den Sex zu. Während die Schimpansen-Männer sich aufeinander verlassen müssen und gemeinsam gewagte Unternehmungen starten können, bemühen sich die

Bonobo-Männer jeder für sich, auf der Leiter etwas weiter nach oben zu kommen.

Auch die Umgangsformen der Bonobo-Männer sind sexueller geprägt als die der Schimpansen-Männer. Letztere umarmen sich anlässlich einer Versöhnung, Bonobo-Männer reiben ihre großen Hoden aneinander. Sex ist bei den Bonobos zu einem alltäglichen sozialen Kommunikationsmittel geworden, wie es bei uns die Sprache ist. So wie wir viel miteinander reden, nur weil es Spaß macht, so haben die Bonobos Sex zur Erbauung in allen geschlechtlichen und akrobatischen Kombinationen. Zum Beispiel können sie es auch kopfüber am Baum hängend tun. Bonobos geben einander bei einer Begrüßung nicht die Hände, sondern die Geschlechtsteile. Entdecken die Tiere eine gute Futterstelle, dann schieben sie vorher noch schnell eine entspannende Picknick-Nummer, damit es beim Fressen keinen Streit gibt. Frans de Waal beschreibt diese und viele andere interessante Szenen aus dem Leben unserer engsten Verwandten in »Der Affe in uns« und »Bonobos, die zärtlichen Menschenaffen«.

Einen guten Überblick über die sexuellen und die sonstigen Gepflogenheiten der verschiedenen großen Menschenaffen finden Sie in Volker Sommers »Menschenaffen wie wir«.

Clevere Savannengänger
Sex mit schlauen Nebenwirkungen

Wie entstand jene spezielle Primatenart, die nicht nur gern Sex vollführt, sondern auch noch Bücher darüber schreibt? Vor sechs Millionen Jahren lichteten sich Teile des ostafrikanischen Urwalds wegen nachlassenden Niederschlages. Die Primaten dort, die nun nicht mehr von Baum zu Baum sprangen, sondern von Baum zu Baum spazierten, liefen immer aufrechter umher. Der Gang auf zwei Beinen ist energiesparender als der auf allen Vieren. Diese Waldlichtungs-Primaten waren noch lange keine flinken Marathonläufer, noch nicht einmal straffe Wanderer, aber immerhin Spaziergänger, die gut klettern und hangeln konnten. Nachts im Baum und tagsüber mal in den Bäumen, mal auf dem Boden. Diese Vorfahren – die wir mit keiner anderen Tierart mehr teilen – nennen wir die *Australopitheci*. Wir können sie uns als aufrecht gehende, schlanke Schimpansen vorstellen.

Australopithecus, der südliche Affe

Wie ging es bei den *Australopitheci* zu? Stapften sie unter den stets wachsamen Augen eines strengen Alpha-Australopithecus-Manns als Harem durch die lockeren Wälder? Oder zogen sie ständig miteinander kopulierend durchs Land? Weil uns die *Australopitheci* statt guter Filmaufnahmen nur ein paar Knochen hinterlassen haben, kann über vieles nur spekuliert werden. An den Knochen lassen sich nicht die Paarungs-, Streichel- und Streitgewohnheiten erkennen. Auch auf anatomische Details wie die Hodengröße oder die Größe der Fruchtbarkeitsschwellungen kann man nicht schließen. Aber ein paar Hinweise geben uns die Knochen doch. Bei den gemeinsamen Vorfahren von Schimpansen und *Australopithecus* waren die Männer anderthalb Mal so groß wie die durchschnittlichen Frauen damals. Zwei, drei Millionen Jahre später, bei den *Australopitheci,* waren Männer nur noch etwas größer als die Frauen. Nur wenig mehr als es heute bei den Schimpansen, Bonobos und Menschen üblich ist. Das lässt darauf schließen, dass es keine ganz strenge Haremsstruktur mehr gegeben hat. Nicht wie bei den Gorillas, bei denen die um die Frauen kämpfenden Gorilla-Männer doppelt so schwer sind wie die Weibchen. Zu diesem Bild passt, dass die großen Eckzähne der *Australopithecus*-Männer im Laufe der Millionen Jahre immer kleiner wurden. Die Genweitergabe war den *Australopithecus*-Männern also möglich, ohne sich gegenseitig schwer verletzen zu müssen.

Auf dem Weg zum heutigen, Liebesromane schreibenden und Pornofilme drehenden weisen Schimpansen *pan sapiens* (der sich auch gerne *homo sapiens* nennt) gab es eine interessante Neuentwicklung im Zusammenleben. *Pan sapiens* ist der einzige Primat, der inmitten großer Horden einigermaßen monogam lebt. Alle anderen monogamen Primaten – wie die Gibbons – ziehen ihre Wege einsam paarweise. Nur bei Menschen gibt es Monogamie in einem Umfeld mit dutzenden Artgenossen in der Nähe, die zusehen oder zumindest zuhören können.

Wie hat diese wunderliche und einmalige Entwicklung stattgefunden? Oder hat es diese evolutionäre Entwicklung überhaupt gar nicht gegeben? Ist die eheähnliche Gemeinschaft doch nur eine von Staat und Kirche erzwungene Lebensform, die unseren natürlichen Veranlagungen zuwiderläuft?

Leibwächter?

Bei Pavianen kümmern sich herangewachsene Pavian-Männchen gern um ein ganz junges Weibchen. Sie beschützen es vor aufdringlichen Männchen und besorgen ihm auch mal etwas Leckeres zu Fressen. Wenn dann dieses junge Weibchen geschlechtsreif ist, verziehen sich die beiden und gründen eine eigene neue Gruppe. Wenn die Minigruppe überlebt, gesellen sich dann nach und nach weitere Paviane hinzu. Die beiden Gründer haben dann die jeweiligen Alpha-Positionen.

Die sogenannte »Bodyguard These« geht davon aus, dass sich auch unsere Vorgeschichte so ähnlich abgespielt haben könnte. Mit dem Unterschied, dass die beiden jungen Vor- oder Frühmenschen sich nicht verkrümelten, sondern als Paar in der Gruppe blieben. Denn ein einzelnes Paar würde in der Steppe unter Löwen, Leoparden und Hyänen nicht überleben. Mit der »Bodyguard These« ließe sich gut erklären, warum Menschen-Männer zwar Mittzwanzigerinnen als am sexuell erregendsten, Gesichter von weiblichen Teenagern aber als am schönsten empfinden.

Ist es denkbar, dass sich monogame Strukturen aus einer Haremsstruktur herausbilden können? In einem kleinen stabilen »nur ein Mann«-Harem sind alle Jungen und Mädchen Halbgeschwister. Nicht verwandte junge Frauen kommen schon geschlechtsreif zur Gruppe hinzu und stehen somit unter besonderer Beobachtung durch den Alphamann. Mit den Zugezogenen kann ein junger Mann nicht anbandeln und mit seinen Halbschwestern will er nicht anbandeln (Paviane sind da aber auch nicht zimperlich). Eine Jugendliebe ist sicherlich möglich in größeren Gruppen, in denen nicht mehr alle ganz eng miteinander verwandt sind. In diesen großen Gruppen leben viele Männer, von denen einer den Sex für sich alleine beansprucht. Eine Kinderfreundschaft und Jugendliebe würden das Alphamännchen nicht stören. Was der Alphamann allerdings niemals zulassen würde, ist ein stabiles, offensichtlich auch sexuelles Zusammensein eines Paares in seiner Gruppe, die er als sein Harem betrachtet. Eine Ausnahme ist da vielleicht nur der Sohn, der einmal den Harem übernehmen soll. Nur in solchen Gruppen, in denen die Macht des Alphamanns schon sehr erodiert ist, ist das Aufkeimen von Monogamie denkbar. Dann herrscht aber schon eine mehr oder minder stark ausgeprägte Promiskuität. Denn die Zahl der am Sex teilnehmenden Männer nimmt zu, sobald die Gruppe so groß ist, dass sie der Alphamann nicht mehr kontrollieren kann.

Unter den Gruppenmitgliedern herrscht oft ein recht rauer Umgang, wie man ihn bei vielen Pavian- und Schimpansengruppen beobachten kann. Für eine junge Frau lohnt es sich deshalb, einen Mann zu haben, der auf sie und das Kind aufpasst. Denn auch in solchen »Nicht richtig Harem«-Gruppen gibt es gelegentlich Kindestötungen und Vergewaltigungen durch rangniedere, sonst nicht zum Zuge kommende Männer.

Jeder Tropfen zählt

Neben der Gruppenstruktur sprechen weitere Gründe gegen einen direkten Übergang vom Harem zur Monogamie. Einige interessante Details am menschlichen Körper weisen uns eindeutig darauf hin, dass wir eine promiskuitive Vergangenheit haben und an häufig wechselnde Geschlechtspartner angepasst sind.

Die menschlichen Hoden sind zwar deutlich größer als die der Gorillas, aber deutlich kleiner als die der Bonobos und Schimpansen. Statt eines gewaltigen Hodens hat der Mensch die Eichel als Waffe im Spermienkrieg. Man könnte vermuten, dass sich die Eichel für eine bessere Stimulation der Vagina herausgebildet hat. Viel wahrscheinlicher aber ist, dass die Eichel ein Instrument zum Hinausbefördern des Vorgänger-Spermas ist. Versuche haben die Effektivität gezeigt. Warum hört zum Beispiel nach dem Samenerguss der Mann plötzlich mit jeder Penisbewegung auf, statt die Partnerin noch weiter zu stimulieren? Es geht wohl darum, ja nicht die eigenen Spermien hinauszubefördern. Dazu passen auch die Veränderungen der Vagina bei Erregung. Bei sexueller Erregung verengt sich ihr Eingang, während sich der hintere Bereich am Gebärmuttermund erweitert. Das ist eine Strategie, die das Sperma des Verkehrs-Vorgängers vor dem Hinausbefördertwerden schützt.

Wenn Männer einige Zeit nicht mit ihrer Partnerin zusammen waren, wenn sie also nicht wissen, mit wem sie verkehrte, dann ejakulieren sie beim nächsten Verkehr mit ihr eine größere Spermamenge. Wenn sie ihre Partnerin dagegen die ganze Zeit im Blick hatten, genügt ihnen eine kleinere Spermamenge.

Im Sperma des Menschen-Manns gibt es nicht nur diejenigen Spermien, die ihre Gene zur Eizelle tragen wollen. Es schwimmen auch immer Killer-Spermien mit, die die Konkurrenz-Spermien töten wollen. Killer-Spermien sind nur dann evolutionär sinnvoll, wenn die Frauen innerhalb kurzer Zeit mit mehreren Männern verkehren.

Auch in unseren Köpfen finden sich Spuren unserer promiskuitiven Vergangenheit. Viele Frauen stellen sich gern vor, mit mehreren Männern gleichzeitig Sex zu haben, und einige trauen sich, das auch zu tun. In Männerfantasien kommen andere Männer selten vor, aber wenn ein Mann Sex eines bzw. mehrerer Männer mit einer Frau sieht, so regt ihn das meist sexuell an. Anders ist es bei einem Haremspascha. Wenn der andere Männer beim Sex sieht, dann schwillt seine Wut, nicht sein Penis.

Das Männergehirn ist darauf getrimmt, mitzumachen, wenn sich irgendeine Gelegenheit zum Mitmachen bietet. Sex mehrerer Männer mit einer Frau ist Teil des Porno- und Club-Angebots und nennt sich heutzutage Gang-Bang. Christopher Ryan beschäftigt sich in »Sex at Dawn« ausführlich mit unserem promiskuitiven Erbe.

Geheime verdeckte Sexualauswahl

Nachdem Sie aber drei Kapitel zum Thema Sexualauswahl überstanden haben, werden Sie vielleicht fragen: »Wenn es jede mit jedem jederzeit treibt, kann es dann noch Sexualauswahl geben?« Nun, in promiskuitiven Strukturen wie bei den Bonobos, Pavianen und Schimpansen haben die Weibchen mit vielen Männchen viel Sex. Aber nicht mit allen. Die unbeliebten Männer werden zu den Sexpartys nicht eingeladen. So sieben die Damen schlechte Mutationen von vornherein aus. Aber ist damit nicht jede Möglichkeit verspielt, die wirklich allerbesten Gene bzw. die Träger dieser allerbesten Gene auszuwählen? Haben die Bonobo-Frauen mit ihrer »Viel Sex schützt meine Kinder«-Strategie die Evolution durch Sexualauswahl zum Stillstand gebracht? Gibt es noch Sexualauswahl, wenn alle einigermaßen ansehnlichen Männer gleiche Chancen auf Vaterschaft haben?

Die Bonobo-Frauen haben mit so vielen Männern so häufig Sex, dass keiner dieser Männer mehr Babys tötet – es könnte sein eigenes sein. Aber mit einigen Männern haben die Frauen mehr Sex als mit anderen. Die Position in der Männerhierarchie ist entscheidend für die Häufigkeit des Sexes, denn die Frauen wählen nach diesem Kriterium – nicht allzu streng, aber eben doch – aus. Damit sind die Wahlmöglichkeiten der Frauen aber noch nicht ausgeschöpft. Sie haben eine Geheimwaffe, die kryptische, die geheimnisvolle Sexualauswahl.

Schimpansen-Frauen, Bonobo-Frauen und Menschen-Frauen haben an deutlich mehr Tagen Sex als sie fruchtbare Tage haben. Unbewusst sind die Frauen an ihren fruchtbaren Tagen wählerischer als an den anderen. Die wirklich attraktiven Männer wirken an den fruchtbaren Tagen besonders anziehend. Selbst während des Sexes an fruchtbaren Tagen haben die Frauen Wahlmöglichkeiten. Lassen sie den Sex wegen des lieben Friedens, wegen einer großen Frucht oder wegen einer Einladung ins Konzert über sich ergehen oder haben sie beim Sex einen Orgasmus mit heftigen, Spermien fördernden Uteruskontraktionen und eisprungfördernden Oxytocinausschüttungen? Und selbst bei den Orgasmen gibt es noch Optionen. Die Kontraktionsstärke der Gebärmuttermuskulatur und damit die Befruchtungswahrscheinlichkeit steigt vom klitoralen über den vaginalen hin zum uteralen Orgasmus. Beim uteralen Orgasmus sind sich die unbewussten Gehirnteile der Frau wohl sicher, die Gene genau dieses Mannes zu wollen, denn hier weitet sich sogar der Eingang der Vagina, um das Sperma der Vorgänger hinauszubefördern. Der klitorale Orgasmus bewährt sich hingegen, wenn es auf regelmäßigen Spaß beim Sex ankommt, ohne dass die Befruchtung im Vordergrund steht – wie in der Ehe zum Beispiel. Bonobo-Frauen leben mit ihm auch ihre Bisexualität aus und stärken so die emotionalen Bindungen zwischen den Frauen.

Innerhalb einer promiskuitiven Struktur haben die Frauen einige Wahl- und Entscheidungsmöglichkeiten. Damit ist ihnen eine gute Genauswahl möglich. Die Frauen können sich – fast so wie die Pfauenweibchen – die Kandidaten in aller Ruhe betrachten und dann auswählen. Der kleine, feine, aber für das Zusammenleben so wichtige Unterschied ist der, dass bei den Pfauen nur ein Männchen den Eindruck hat, erwählt worden zu sein. Bei promiskuitiven Primaten lebt die Mehrzahl der Männer im Glauben, auserwählt worden zu sein. Das hat einen Frieden bringenden Effekt und ist deshalb nicht zu unterschätzen. Wenn viele Männchen Sex haben, werden Machtkämpfe und Gewalt seltener.

Die promiskuitive Gruppenstruktur bietet die besten Möglichkeiten, geeignete Gene für den Nachwuchs auszuwählen, gerade im Vergleich zu Haremsstrukturen und Monogamie. In Haremsstrukturen geht es bei der Männchenauswahl meist nur um Körpergröße, Kraft und große scharfe Zähne. Wer das Alphatier ist, machen die Männchen meist unter sich aus, und die Weibchen haben gar keine Wahl. Eigenschaften, die nicht wichtig sind, um Haremsherrscher zu werden, aber ansonsten ganz nützlich wären, sind keine Auswahlkriterien mehr und bleiben auf der Strecke. In monogamen Strukturen gibt es schon etwas mehr Auswahlmöglichkeiten bezüglich der bevorzugten Eigenschaften. Der Nachteil aber ist, dass nur wenige Frauen die wenigen perfekten Männer abbekommen, die all die ersehnten Eigenschaften haben.

In promiskuitiven Gruppen lädt das männliche genetische Warenlager zum genussvollen Gen-Shopping ein. Der Nachteil ist, dass diese Männer ihre Gesundheit und ihre Bequemlichkeit nie für irgendwelche Frauen und Kinder opfern würden.

Sex als Wetterschutz

Kehren wir zu den durch die lichteren Gegenden Afrikas streifenden *Australopitheci* zurück. Seit der Zeit, als sie die Bonobo-/Schimpansenvorfahren im dichten Wald zurückgelassen hatten, liefen sie vier Millionen Jahre lang bei einigermaßen konstanten, ganz langsam immer trockener werdenden Bedingungen als vielerlei *Australopithecus*-Arten durch Afrika. Sie waren recht erfolgreich. Das Becken und die Beine veränderten sich, sodass sie immer bessere Langstreckenläufer wurden. Das Hirn hatte sich aber nur ein bisschen vergrößert. Weglaufen war also immer noch deutlich wichtiger als Philosophieren.

So wäre dies vielleicht noch einige Millionen Jahre weiter gegangen, wenn denn nicht vor etwa zwei Millionen Jahren plötzlich die Post abgegangen wäre. Das Klima schlug Purzelbäume. Sehr feuchtes und sehr trockenes Klima wechselten sich ab. Manchmal veränderte sich das Klima innerhalb von nur 1000 Jahren von einem Extrem ins andere. Innerhalb von 200 000 Jahren gab es ein Dutzend starke Klimawechsel. Dies war der Tod der meisten *Australopitheci*. Übrig blieben einige sogenannte robuste *Australopitheci*, die sich auf den Verzehr von zähen Pflanzenfasern spezialisiert hatten. Und dann gab es auch noch Wesen, die nicht mehr als *Australopithecus* bezeichnet werden können. Die Wetterkapriolen waren ihnen zu Kopf gestiegen, denn sie hatten in ihrem Kopf doppelt so viel graue, glibbrige Masse wie die *Australopitheci*. Und sie trugen diese glibbrige Masse im Kopf nicht nur einfach durch die afrikanische Gegend, nein, sie benutzten diese Masse auch dazu, Steine zu zersplittern und so an scharfe Werkzeuge zu kommen. Wie kann man mit einer weichen Masse Steine zerschlagen? Fragen Sie Ihre eigene graue, glibbrige Masse, die wird es Ihnen sagen.

Wie sind diese Primaten, die wir heute als die ersten Menschen, als *homo habilis* – der geschickte Mensch – bezeichnen, so schlau geworden? Fanden die etwas clevereren Primaten mehr Futter? Haben sie deshalb häufiger und länger überlebt als die etwas einfältigeren? Das wird wohl so gewesen sein. Es ist schwer in einer Umwelt zu überleben, für die der Körper und die Instinkte nicht optimiert wurden. Da kann ein Funken mehr Intelligenz über Leben und Tod entscheiden. Ist das ziemlich schnelle lebensrettende Gehirnwachstum durch den evolutionären Turbolader Sexualauswahl angetrieben worden?

In einer klassischen Haremsstruktur wäre dies nicht möglich gewesen. Pascha wird immer der Stärkste, nicht der Klügste. In einem etwas aufgelockerten Harem, bei dem der Alphamann Verbündete braucht, um an der Macht zu bleiben, ist es gut möglich, dass Intelligenz und Cleverness wichtig sind, um den Chefposten mit Zugang zu viel Sex zu behalten. Diese Situation gibt es aber bei jedem Wetter. So also kann der Ausweg aus der Klimafalle nicht ausgesehen haben.

Wenn es in den wenigen Gruppen, die sich durch die rauen Wetterwechsel schlugen, monogam zugegangen sein sollte, dann könnte es so gewesen sein, dass die Frauen begannen, die etwas intelligenteren Männer zu bevorzugen und mit ihnen gemeinsam die Kinder großzuziehen. Die intelligenteren und die weniger intelligenten Männer hatten aber ungefähr gleich viele Kinder – so ist das in der Monogamie –, nur, dass die Kinder der intelligenten Eltern wohl besser durch die schwierige Kindheit kamen.

Oder aber ging es in diesen Gruppen sexuell lockerer zu? Die Alphaposition war weiterhin attraktiv für Männer, aber nicht mehr so, dass unter Lebensgefahr darum gekämpft wurde. Alphamann wurde vielleicht, wer von den anderen akzeptiert wurde. Wer unter kniffligen Bedingungen die besten Lösungen findet, bekommt Respekt, bekommt eine hohe Rangposition und überdurchschnittlich viel Sex. Aber auch für die jungen Männer, die in der Hierarchie erst einmal unten anfangen, kann sich ein Geistesblitz lohnen. Wenn er Futter findet, das andere nicht finden konnten, ist er der Liebling aller Frauen, die schon wissen, wie sie ihn dazu bringen, etwas vom Futter abzugeben.

Wenn die Frauen – die nicht mehr durch strenge Haremsstrukturen gebunden waren und noch nicht monogam dachten – immer diejenigen Männer für den lustvollen Verkehr an den verdeckten fruchtbaren Tagen bevorzugten, die am geeignetsten für unvorhersehbare Situationen waren, dann kann dies in sehr kurzer Zeit zur Verstärkung des bevorzugten Merkmals Intelligenz geführt haben. Freier Sex macht schlau.

Schöngeister

So könnten die Gene für ein paar zusätzliche graue Zellen recht erfolgreich weitergegeben worden sein. Die Sache könnte eine zusätzliche Dynamik bekommen haben, als die eine oder andere Frau anfing, die Männer nicht nur nach den Ergebnissen ihrer Intelligenz – dem heranorganisierten Futter – zu beurteilen, sondern generell auf Hinweise ihrer Intelligenz zu achten. Beim homo habilis tauchen erstmals Steinwerkzeuge auf. Wer kann am besten Werkzeuge machen? Wer kann sich am deutlichsten ausdrücken, wenn er einen Plan hat? Wer hat die interessantesten Pläne? Wer kann von Erlebtem so »erzählen«, dass man etwas daraus lernen kann? Wem hört und sieht frau gern zu, wenn er mit Händen und Füßen und Stimme vom spannenden Beutezug – dem Leoparden die Beute klauen zum Beispiel – berichtet? Eifrige Kommunikation war nötig und möglich, auch wenn man sie nicht mit der heutigen Sprache vergleichen kann.

Die Kriterien zu Beurteilung der Intelligenz werden wohl immer feiner und strenger geworden sein. Aus der Zeit von vor 1,5 Millionen Jahren – nun schon die Zeit von *homo erectus*, dem aufgerichteten Menschen – stammen Faustkeile, die nicht nur Werkzeuge, sondern auch Schönzeuge waren. Überdurchschnittlich gründlich und fein bearbeitet, zeugen sie von ästhetischem Empfinden. Wurden sie so fein behauen, weil die Macher sich selbst an der Schönheit erfreuten? Oder um bei potentiellen Geschlechtspartnern einen guten Eindruck zu machen? Womöglich war es der damalige *homo erectus* – der nun wieder ein gutes Stück großhirniger und auf längeren Beinen herumlief als *homo habilis* –, der als Erster Gegenstände allein zur Freude und zum Angeben schuf. Bis zu nachweisbarem Schmuck, Skulpturen und Höhlenmalereien sollten allerdings noch weit über eine Million Jahre vergehen, aber alles fängt ja mal klein an. Die Bevorzugung von Menschen, die schickere Faustkeile schlugen, führte dann auch zur Errichtung von Pyramiden und Kathedralen. Und ähnlich wird es bei der Sprachentwicklung verlaufen sein. Sprache als Fitnesssymbol wurde sexuell bevorzugt. Die Bevorzugung ausdrucksstarken Grunzens führte dann irgendwann zur Ilias und Hamlet.

Die sich ändernden Umweltbedingungen und die spezifische Sexualauswahl machten die Männer intelligenter und ließen sie wohl auch etwas stärker auf die erotischen Bedürfnisse der Frauen eingehen als ihre dumpferen Artgenossen. Auch dies wird die Attraktivität und die Genweitergabeerfolge intelligenter Männer erhöht haben.

Ich bin dir treu. Aber nicht nur dir!
Unsere ungewöhnliche Monogamie in der Gruppe

Mit dem nun rapide wachsenden Gehirn wurden die Wander-schaft und die Jagd immer ergiebiger. Die Urmenschen konnten viel mehr Signale austauschen und wurden nun von den Gejagten zu den Schrecken der Savanne – dank der Kombination aus gro-ßem Gehirn (Kommandozentrale), einer beginnenden Sprache (Funksystem), haarloser Hautkühlung und langlaufoptimierten Beinen (Langstrecken-Düsentriebwerken) sowie Stein und Speer (Fernlenkwaffen). Als es ihrer Forschungsabteilung auch gelang, das Feuer zu zähmen, wurden sie zur Atommacht unter den Pri-maten.

Wohin mit dem Kind?

So ein mächtiges Gehirn hat aber auch ein paar Nachteile. Es verbraucht nicht nur jede Menge Futter, sondern macht die Kin-der auch lange Zeit hilflos. Die Kinder anderer Menschenaffen klammern sich in Mutters Fell und sind nach drei bis vier Jahren selbstständig und geländegängig. Die großhirnigen und deshalb großkopfigen Menschen kommen viel unreifer zur Welt. Weil die Kinder viel lernen sollen, brauchen sie auch viele Jahre länger, um erwachsen zu werden. Und als ob das nicht schon anstrengend genug wäre, können sie sich nicht einmal mehr an Mutters Fell festklammern und sich umhertragen lassen, denn Mutter ist in-zwischen haarlos. Menschen müssen die Babys in den Armen hal-ten und haben keine Hand mehr frei, um sich um Futter zu küm-mern. Die Evolution hätte nun eine Kinderhaltetasche am Körper der Frauen entwickeln können. Hat sie aber nicht. In dieser ver-zwickten Situation war Hilfe vonnöten. Sie denken sicherlich: »Und jetzt kommt der hilfreiche Ehemann.«

Leih mir mal deinen Bruder!

Vor dem Ehemann könnte erst einmal der Bruder gekommen sein. Der Oheim, in diesem Fall ein Bruder der Mutter, hat 12,5 % bis 25 % seiner Gene mit seinen Nichten und Neffen schwesterlicherseits gemeinsam, je nachdem, ob er den gleichen Vater wie seine Schwester hat oder nicht. Der Oheim kann das Überleben seiner Nichten und Neffen – und damit auch seiner Gene – beeinflussen, indem er sich um sie kümmert – oder eben auch nicht. Weil die Nichten und Neffen fürsorglicher Oheime besser überlebten als die der sorglosen Oheime, überlebten in den Neffen und Nichten auch die Gene für Fürsorglichkeit besser als die Gene für Sorglosigkeit. Dies förderte die Gene für Kinderliebe im Mann.

12,5 % bis 25 % Genübereinstimmung sind nun nicht berauschend viel. Der Onkel wird natürlich weiterhin seine Bemühungen darauf richten, viel Sex zu haben und nur zwischendurch mal ein bisschen nach den Nichten und Neffen sehen. Wie kann eine Frau diese Pflegesituation verbessern? Sie könnte zusätzlich zu ihrem Bruder eine externe Pflegekraft anwerben. Sie könnte versuchen, einen andern kinderlieben Onkel dazu zu überreden, seine Nichten und Neffen zu vernachlässigen und sich um ihre Kinder zu kümmern. Mit Überreden allein wird ihr das nicht gelingen. Sie muss sich irgendetwas einfallen lassen, was die 25 %-Onkel-Neffen-Genübereinstimmungs-Liebe aussticht. Wie sehr muss sich eine Frau um die potentielle Pflegekraft »Mann« bemühen?

Ein Mann wägt ab, in was er seine Mühen investiert. In das stete Bemühen um mehr Sex? In die Nichten und Neffen? Oder in die Kinder seiner Sexualpartnerin? Nur wenn die Pflege der Kinder der Sexualpartnerin eine bessere Genweitergabe verspricht als die Pflege der Nichten und Neffen, dann lohnt es sich für einen Mann, bei der Sexualpartnerin zu bleiben und sich um deren Kinder zu kümmern. Nur wenn die Genübereinstimmung zwischen Mann und den Kindern seiner Sexualpartnerin mehr als 25 % beträgt, lohnt sich für ihn die Mühe. Also nur wenn der

Mann glaubt, dass mindestens jedes zweite der von ihm betreuten Kinder von ihm ist, lässt er sich darauf ein.

Verliebt sein oder nicht sein

Es herrscht ein Wettbewerb zwischen den Schwestern und den Sexualpartnerinnen um den Kinderpflegeservice der Männer. Die Sexualpartnerinnen haben aber einen Trumpf im Ärmel, den die Schwestern nicht haben. Dem Angebot von viel Sex kann kein Mann widerstehen. Sex allein ist aber noch nicht stark genug, den Mann zuverlässig zu halten, denn die Evolutionslogik hat ja ins Männergehirn eingebrannt: »Viel Sex mit einer Frau ist gut – viel Sex mit vielen Frauen ist viel besser«. Wie kann frau einen Mann vom Weitersuchen abhalten? Indem sie ihn wie ein Kind behandelt. Mit Streicheln und Kuscheln befriedigt sie seine Bedürfnisse nach körperlichen Kontakten. Die haarigen Menschaffen groomen, lausen sich genussvoll gegenseitig. Die haarlosen Menschenaffen haben statt Lausen zwar den Small Talk, gestreichelt werden ist aber doch schöner.

Für Männer kann es genverbreitungstechnisch lohnenswert sein, dieses Kuschelspiel mitzuspielen. Wenn der Mann nach dem Verkehr bei der Frau liegenbleibt und auch die nächsten Tage und Wochen um sie herumschwirrt, dann verhindert er damit das Hinzukommen anderer Spermien. Wenn es ihm gelingt, in ihr Gefühle des Verliebtseins zu erwecken, dann erhöhen sich seine Chancen auf wirkliche Vaterschaft deutlich. Das stete Beieinanderliegen und Ständig-alles-miteinander-tun-Wollen scheint also beiden Geschlechtern Vorteile zu bringen. Und so also ward die Monogamie. Nun, da gibt es noch eine kleine Unperfektheit. Wie lange möchte die Frau den Mann in ihrem Bett und Kinderzimmer haben? Mehrere Jahre. Wie lange muss ein Mann eine Frau im Bett haben, um seine Gene sicher der Nachwelt zu hinterlassen? Einige Monate reichen.

So träumen Frauen eher von der Liebe fürs Leben und Männer von der Liebe für einen Sommer. Aber der Traum der Männer hat in der Realität einen Haken. Das im Sommer gezeugte Kind – ebenso wie die zu anderen Jahreszeiten von ihm gezeugten Kinder – bekommt nur den mütterlichen Service, ergänzt vielleicht von etwas Unterstützung eines sonst recht abgelenkten Onkels. Die Überlebensrate dieser in Verliebtheit gezeugten Kinder ist nicht besonders hoch. Damit sich einige Kinder mit Sicherheit bis zur Geschlechtsreife entwickeln, lohnt es sich für Männer, nach dem Sommer noch einige Sommer mehr mit der Frau zu verbringen und die Kinder gemeinsam groß- oder zumindest mittelgroßzuziehen. Dies ist dann Liebe – oder Ehe.

Wie? Strategie!

Für Männer könnten erfolgversprechende Strategien so aussehen:

Strategie I
1. Sex mit möglichst vielen Frauen suchen, dann
2. siehe 1. und dann
3. siehe 1. und dann
4. usw.

Strategie II
1. Sex mit möglichst vielen Frauen suchen, dann
2. eine Frau verliebt machen und einige Monate mit ihr verbringen. Dann
3. siehe 2.
4. siehe 1.
5. siehe 2.
6. siehe 1.
7. siehe 2.
8. usw.

Strategie III
1. Sex mit möglichst vielen Frauen suchen.
2. Eine Frau verliebt machen und einige Monate mit ihr verbringen.

3. siehe 2.
4. siehe 2.
5. Einige Jahre mit einer Frau und den gemeinsamen Kindern verbringen.
6. siehe 2.
7. siehe 5.
8. siehe 2.
9. usw.

Von 2. bis 9.: siehe auch 1.

Strategie IV
1. Eine Frau verliebt machen.
2. Die gemeinsamen Kinder mit ihr großziehen.

Strategie V
1. Sich mit anderen Männern – meist Brüdern – zusammen- schließen.
2. Gemeinsam für eine Frau und deren Kinder sorgen.

Strategie VI
1. Eine Frau rauben und schwängern.
2. Die Frau wird wegen des hilflosen Kindes nicht weglaufen, solange sie etwas Unterstützung bekommt.

Strategie VII
1. Mehrere Frauen rauben und mit Gewalt zusammenhalten und gegen andere Männer verteidigen.

Für Frauen bieten sich folgende Strategien an:

Strategie A
1. Sex mit vielen Männern gegen kleine Gefälligkeiten der Männer.
2. Kinderpflege mithilfe dieser kleinen Gefälligkeiten.
3. Zur steten sicheren Versorgung mit Gefälligkeiten: siehe 1.

Strategie B – etwas wählerischer:
1. Sex mit mehreren, gut ausgewählten Männern.
2. Siehe 1.
3. Kinderpflege mit Unterstützung der gut ausgewählten Männer – von jedem nur ein bisschen, aber die Summe macht's.
4. Um die Unterstützung anzufachen: siehe 1.

Strategie C
Alternativ ist auch folgende Strategie denkbar:
1. Sex mit mehreren, gut ausgewählten Männern.
2. Sich in einen besonders gut ausgewählten Mann verlieben und ihn verliebt machen.
3. Mit diesem Mann gemeinsam die Kinder großziehen, von denen auch einige gemeinsam sein können.
4. Dabei auch Unterstützung von den anderen gut ausgewählten Männern erhalten.
5. Um 4. zu verbessern: siehe 1.

Strategie D – für ganz Entschlossene:
1. Einen Mann verliebt machen.
2. Mit diesem Mann die gemeinsamen Kinder großziehen.

Strategie E – mehr ist mehr:
1. Sex mit mehreren – möglichst miteinander verwandten – Männern.
2. Kinderpflege mit all diesen Männern gemeinsam.

Strategie F
1. Sich von einem Mann rauben lassen und mit ihm zusammenleben.

Strategie G
1. Sich von einem Mann rauben lassen und sich in einen Harem einsortieren lassen.

Die Strategien VI und VII und F und G lassen sich nur bei großem Geschlechtsdimorphismus – wie bei den Gorillas – umsetzen. Es braucht körperliche Gewalt gegen Konkurrenten und eine Mischung aus Gewalt und Nettigkeiten den Frauen gegenüber.

Mit der Erfindung der Landwirtschaft und des Besitzes gab es neue kulturell-ökonomische Werkzeuge. Männer nutzen Dinge wie Landbesitz, politische Macht, Geld, Gesetze, Sklaverei, Sittenpolizei, Steinigung, Scharia, christliche Moralvorstellungen und noch vieles andere mehr, um alleinigen Zugang zu einer oder mehreren Frauen zu bekommen. Bei den Strategien VI und VII und F und G wurde das Wort »rauben« immer öfter durch »kaufen« ersetzt. Mit diesem dunklen Kapitel der Menschheit – das leider noch nicht abgeschlossen ist – werden wir uns an dieser Stelle nicht weiter beschäftigen, obwohl es eine ausführliche Diskussion wert ist.

MonogaWie?

Versetzen wir uns zurück in die Zeit, in der die mit breiten Schultern und spitzen Eckzähnen erkämpften, stabilen Harems zerfielen, weil zu viele Männer gleichzeitig in der Gruppe lebten. Kehren wir gedanklich zurück in diese Zeit, in der noch keine Kultur-Macht-Harems möglich waren, weil die Menschen noch Jäger und Sammler waren, die keine Reichtümer horten konnten.

Nachdem durch raue, sich ständig ändernde Umweltbedingungen unsere wahrscheinlich promiskuitive erste »Anfangs-Menschwerdung« stattgefunden hatte, wurden das Gehirn größer und die Kinder hilfloser. Langsam bildeten sich Tendenzen zur sozialen und sexuellen Monogamie heraus. Derzeit kann nur darüber spekuliert werden, wie und wann dieser Prozess ablief. Spekulieren wir also ein bisschen.

Der Prozess der Monogamie-Entstehung wird allmählich stattgefunden haben, die Monogamie-Gene werden sich allmählich ausgebreitet haben. Aber natürlich nahm die Monogamie nicht überall gleichzeitig und gleichmäßig zu. In tropischen Regionen mit ihrer extrem hohen Parasitenlast ist eine stetige Gendurchmischung wichtig. Es kann ein schwerer Nachteil sein, alle Kinder von nur einem Mann zu bekommen. In ganz kargen Gegenden ist der Druck in Richtung Monogamie stärker, weil die Frauen selbst für kurze Zeit nicht auf Unterstützung verzichten können. In extrem ressourcenarmen Landstrichen, wie dem tibetanischen Hochland, kann sich auch Polyandrie, das Zusammenleben einer Frau mit mehreren Männern herausbilden (Strategie V und E).

Unser chemisches Gefühlsleben

Wie können nun Mann und Frau den anderen an sich binden? Die Evolution hat für monogame Bettspiele schöne neurochemische Fesseln aus ihrer Spielzeugkiste herausgekramt. Von den vielen in Körper und Gehirn kreisenden Hormonen und Neurotransmittern hier nur die bekanntesten.

Serotonin: Ein Einfach-Wohlfühl-Hormon. Die Welt ist in Ordnung. Es gibt keinen Stress und keine Angst. Wer wenig Serotonin im Gehirn hat, fühlt sich depressiv. Serotonin ist auch unser Herdentier-Hormon. Es wird erzeugt, wenn wir mit anderen Menschen zusammen sind und mit diesen Menschen gut klarkommen. Umgekehrt brauchen wir auch Serotonin, um mit all den vielen Menschen klarzukommen und ihnen ein angenehmer Zeitgenosse zu sein. Serotonin ist das »Kaffeetrinken bei netten Bekannten«-Hormon. Einsamkeit erzeugt Serotoninmangel und Depression. So treibt es uns immer wieder in unsere Primatengruppe zurück und auch in die Nähe unseres Partners. Serotonin ist kein spezielles Liebeshormon, aber ohne Serotonin funktioniert die langfristige Liebe nicht.

Dopamin: Das ist der »Aufregend!«-Stoff. Wenn ein analytisches Gehirnteil feststellt, dass das Gesehene, Gerochene oder Gehörte gut und erstrebenswert ist, dann wird im Emotionszentrum viel Dopamin ausgesendet, die Wohl-Fühl-Bereiche des

Gehirns werden vom Dopamin aktiviert und der Inhaber des Gehirns fühlt sich beflügelt. Die Dopaminausstöße lassen uns Essen, Musik und Kunst lieben. Sie machen uns aufgeregt, wenn wir einem schönen Menschen in die Augen schauen, und lassen uns an schönen Körpern erfreuen. Auch Geistreiches und Witziges erzeugt Dopamin. Dopamin sagt uns »Ran, mach weiter, das wird gut!«. Dopamin ist das »Überraschungsparty mit Lieblingsessen, Lieblingsmusik und Besuch vom Lieblingsschauspieler«-Hormon. Immer wenn ein potentieller Sexualpartner in Sichtweite kommt, gibt es Dopamin. Wenn der eigene Sexualpartner in Sicht kommt, meist auch.

Testosteron: Testosteron sorgt für die Ausbildung der männlichen Geschlechtsmerkmale. Daneben sorgt das Hormon bei Mann und Frau für den primären Geschlechtstrieb, die Geilheit. Weil Sex nie einfach zu bekommen war, sorgt Testosteron gleich noch für erhöhte Aggressivität.

Oxytocin: Dieser Stoff löst die Wehen aus. Weil nach den Wehen neue Herausforderungen warten, sorgt das Oxytocin auch dafür, dass das Muttergehirn das Neugeborene liebt. Weil dieses Hormon so überlebenswichtig für das hilflose Kind ist, wird es auch beim Stillen durch die Stimulation der Brustwarzen erzeugt – und beim Kuscheln, dann bei Mutter und Kind. Oxytocin durchströmt auch Primaten, die weder Mutter noch kleines Kind sind, wenn sie miteinander kuscheln und sich gegenseitig groomen/lausen. Oxytocin stärkt das Zusammengehörigkeitsgefühl. Lausen stabilisiert so die Gruppe.

Wenn sich nun Sexualpartner eifrig streicheln und lausen, dann erzeugt das Oxytozin eine Bindung, die über die kurze Attraktivität für einen Quickie hinausgeht. Und weil das Hormon bei der Geburt so hilfreich ist, löst es auch die Uteruskontraktionen beim Orgasmus aus. Ein vielseitiger Geselle, das Kuschelhormon.

Vasopressin: Wird besonders von Männern beim Orgasmus ausgeschüttet und macht sie schlapp und müde. Das Hormon macht außerdem fürsorglicher und erhöht die Bindung an den

Partner. Wenn im Folgenden von Oxytocin beim Sex die Rede sein wird, dann sind Oxytocin und Vasopressin gemeint, weil beide ähnliche Bindungseffekte erzeugen. Doch wie lassen sich die Hormone bzw. Neurotransmitter hervorlocken und wie einsetzen?

Verliebt, verwirrt, verheiratet?

Sich dem Partner attraktiv zur Schau stellen, erzeugt bei diesem Dopaminschübe, wie beim Anblick eines leckeren Essens. Nach dem Verzehren eines Kasslers mit Kartoffelbrei und Sauerkraut wünschen wir uns für den nächsten Tag vielleicht eine Pizza, aber nicht noch einmal Kassler. Welche Möglichkeiten hat ein Lebensmittel, dafür zu sorgen, dass es immer wieder gegessen wird und der begehrte Esser seinen Appetit nicht an einem anderen stillt?

Das Lebensmittel kann versuchen, den Esser abhängig zu machen. Es muss Stoffe enthalten, die große Dopaminausschüttungen erzeugen. Hersteller von süßen, fetten Schokoriegeln wissen, wie das zu machen ist. Beobachten kann man das auch an Ratten, die beim Verzehr von Süßigkeiten das gleiche Gehirnmuster wie bei einem Kokainrausch haben.

Frauen können in Männerhirnen Dopaminstöße durch das Präsentieren von Gesäß und Brust erzeugen. Doch noch viel gezielter lassen sich die Augen einsetzen: Ein Mann, dem eine Frau einige Sekunden tief in die Augen schaut, ist fest davon überzeugt, dass sie auf ihn steht. Das Männergehirn wird von Dopamin überflutet. Ein verführerisches Lächeln hinzu, und der Mann ist um den Verstand gebracht. Wenn diese chemische Keule in kurzen Abständen angewandt wird, ist der Mann abhängig davon und will nicht mehr ohne diese Droge leben. Wenn er fern der ihn so beglückenden Frau ist, trifft ihn der Dopaminmangel hart und die Stimmung sinkt in den Keller. Mit Gedanken an die ihn Verzaubernde kann er sich selbst immer wieder ein paar dopaminige Glücksmomente verschaffen. Wenn die angebetete, dopaminstoßerzeugende Frau aber längere Zeit nicht da ist, sinkt auch der

Serotononinspiegel und er verfällt in eine depressive Stimmung. Das ist Zuckerbrot und Peitsche. Jetzt ist der Mann ein Depressiver auf Droge. Ein Verliebter also.

Verliebt zu sein bedeutet aber nicht nur, von einer Person zu deren Vorteil manipuliert worden zu sein. Sich zu verlieben ist eine aktive Methode, sich auf den einen bzw. die eine zu konzentrieren und auch verliebt zu machen. Das »Verliebtheit-Sein« hat für beide Geschlechter Vorteile, genauso wie das »Verliebt-Machen«. Deshalb tritt der Liebesrausch – den man unter anderen Umständen als behandlungswürdig einstufen würde – bei beiden Geschlechtern gleich und gleichstark auf. Die verliebten Wochen und Monate nutzen beide, um die Zukunft vorzubereiten. Doch hier gibt es schon wieder einige feine Unterschiede. Weil der geistesverwirrte Zustand des Verliebt-Seins nicht jahrelang aufrechterhalten werden kann und weil ein Mann im vierteldebilen Zustand auch kein besonders guter Kinderpfleger wäre, wird die chemische Kampfführung erweitert. Zu den sich langsam abnutzenden optischen Reizen kommen nun taktile. Streicheln und Kuscheln lösen Oxytozinausschüttungen bei ihm aus – das Kuschel-Oxytocin stärkt den Zusammenhalt. Der Mann fühlt sich geborgen wie bei Muttern und bleibt bei seiner geliebten Sexualpartnerin.

Sextest und Testsex

Der verliebte Mann nutzt die Gunst der Monate und gibt sich alle Mühe, durch Zärtlichkeit und wilde Lust nicht nur einfach Sex zu haben, sondern durch viele, intensive Orgasmen bei der Frau auch wirklich Vater zu werden. Mit dem Abklingen der Verliebtheit hat er die Wahl: die nächste suchen oder bleiben. Für seine Gene sind beides vernünftige Optionen. Die Gene der Frau sehen das aber ganz anders. Für sie ist bei Schwangerschaft nur die Option »Er bleibt!« akzeptabel.

Die Frau muss also in der Phase der Verliebtheit versuchen, den Mann an sich zu binden, oder aber sie muss rechtzeitig erken-

nen, dass es keinen Zweck hat mit ihm. Sie muss ihn also auf die
Probe stellen und dabei möglichst gleichzeitig seine Bindungslust
wecken. Wie lassen sich beide Fliegen mit einer Klappe schlagen?
Sex ist ein gutes Mittel dazu. Viel guter Sex bindet den Mann.
Und gleichzeitig stellt ihn der Sex auf die Probe. Nur Männer, die
der Frau viel Zärtlichkeit und Fürsorglichkeit zukommen lassen,
kommen als Lebenspartner infrage. Zusätzlicher Effekt: Die
Männer bekommen beim zärtlichen Sex eine stärkere Kuschel-
Bindungshormon-Dusche ab als beim Rammeln.

Liebling, ich komme, ich komme, ich komme dich morgen besuchen

Dass Frauen nicht so leicht und so oft einen Orgasmus bekommen wie Männer, ist eine wohldosierte evolutionäre Strategie.
Während bei Schimpansen-Frauen nur einige Sekunden mehr als
ein Durchschnittsverkehr nötig sind, um zum Orgasmus zu kommen, sind es beim Menschen einige Minuten mehr. Für Frauen-
gene ist es nicht sinnvoll, mit jedem dahergelaufenen Kerl einen
fruchtbarkeitserhöhenden Orgasmus zu haben. Die Latte muss
schon hoch hängen. Es ist ein evolutionäres Wettrennen. Männer
können mit längerem Verkehr beweisen, dass sie keine Angst
vorm Alphamann haben, und zweitens durch langen Verkehr die
Konkurrenzspermien gründlicher beseitigen. Männer können
immer länger – Frauen brauchen immer länger. Männergehirne
verstehen auch langsam immer besser die Funktion der erogenen
Zonen, Frauen brauchen immer raffiniertere und kreativere Sti-
mulationen derselben. Männer müssen also durch Abliefern von
gehaltvollen, tiefschürfenden, ereignisreichen, abwechslungsrei-
chen und ausreichend häufigen Orgasmen mit den dazugehörigen Dopamin- und Oxytocinschauern eine Frau für sich bereit
machen und sie an sich binden. Männer tricksen dabei etwas,
denn ihr Sperma enthält stimmungsaufhellende Substanzen. Die
in der Vagina und um sie herum millionenfach vorhandenen Nerven bestimmen also nicht unbedingt darüber, wer Zutritt in die

Vagina bekommt, aber darüber, wer in den Uterus und Eileiter gelangen darf. Diese dichten Nervengeflechte und die Verarbeitung der Signale werden zum mächtigen Wächter und zum Dreh- und Angelpunkt unserer jüngeren Evolution. Die bewussten Teile des Gehirns – die ja jüngeren Baujahrs und schneller evolutionär wandelbar sind – sind dabei noch deutlich wählerischer als die Gehirnteile für vaginale Reaktionen. Während schon der Anblick nackter Körper die Durchblutung und Befeuchtung anregt, braucht es viel spezifischere und komplexere Stimuli, bis eine Frau das bewusste Gefühl hat, erregt zu sein. Je monogamer die Frauen werden mussten, desto logischer, rationaler, langfristig prüfender wurden ihre Auswahlkriterien. An dieser Stelle setzen die manchmal folgenreichen Wirkungen von Alkohol ein. Alkohol im Frauenhirn macht die Männer nicht schöner, senkt aber die Hemmschwelle, sich mit einem Mann einzulassen.

Wichtig ist auch, dass der Mann keine Ahnung davon bekommen darf, wann die Frau ihre fruchtbaren Tage hat. So hat sie erst einmal Gelegenheit, den Mann ohne Risiko Trockenübungen machen zu lassen, um ein Gefühl dafür zu bekommen, ob er denn für den längerfristigen Einsatz geeignet ist. Wenn die beiden dann jahrelangelang miteinander leben sollten, ist der versteckte Eisprung ebenso wichtig, denn schließlich soll der Mann ja die ganze Zeit bei ihr und den Kindern verbringen und nicht nur die wenigen fruchtbaren Tage.

Wenn sich also Frau und Mann nach langem und häufigem, aufregendem und entspannendem Sex durch Oxytocindauerberieselung voneinander abhängig gemacht haben, und wenn sie dann noch zufälligerweise die gleichen Grundeinstellungen zum Leben teilen, dann nennt sich diese neurochemische Koppelung »Liebe«. Sie funktioniert hormonell und neuronal wie die Liebe zu Kindern. Es werden bei der Partnerliebe die gleichen Gehirnregionen aktiv wie bei der Eltern-Kind-Liebe. Wer selbst Kinder hat, wird manchmal verwirrt sein über die Ähnlichkeit der Empfindungen zu Partner und Kind. Wobei die Liebe zum Kind immer die größere sein wird, denn das Kind trägt die Hälfte der eigenen Gene und ist unersetzlich, der Partner aber irgendwie schon.

Dekolletévolution

An den Brüsten treffen auch die Kinder- und die Partnerliebe aufeinander. Das Saugen der Babys an den Brustwarzen stimuliert die Kinderliebe erzeugende Oxytozinausschüttungen in mitunter so hoher Konzentration wie bei einem Orgasmus.

Mit dem aufrechten Gang kamen die anfangs noch kleinen runden Brüste ins Blickfeld der Männer. So wie Menschenaugen oder Pfauenschwanz-Augen löst dieses leicht zu erkennende runde Muster mit Punkt in der Mitte erst einmal eine positive Reaktion im Gehirn aus. Runde, nicht zu kleine Brüste signalisieren Fruchtbarkeit – die Trägerin ist kein Teenager mehr. Sie signalisieren Jugend – die Schwerkraft hatte noch keine Zeit ihr verformendes Werk zu verrichten – und sie signalisieren gute Ernährung, Fettreserven. So wie große weiße Babyaugen im Mutterhirn Dopaminschübe auslösen, so lösen große Brüste in Männerhirnen Dopaminstöße aus. Und Männerhirne sind ja schon seit langem darauf getrimmt, runde Hinterbacken als attraktiv zu empfinden. Extragroße Brüste sind hinderlich und besonders anfällig gegen Schwerkraft. Und doch gibt es sie. Sie sind ein »Handycap Signal«. Sie sagen am Anfang »Sieh, obwohl wir so groß sind, stehen wir senkrecht hervor. Meine Trägerin ist extra jung, extra fruchtbar, extra wohlgenährt!«. Die extragroßen Brüste büßen diese Signalwirkung recht schnell wieder ein. Die kurzfristigen Attraktivitätsvorteile in den ersten sexuell aktiven Jahren scheinen aber die langfristigen Nachteile zu überwiegen. Kleinere, schwerkraftwiderständigere Brüste punkten dann in späteren Lebensphasen.

Die optischen Wirkungen der Brüste locken die Männerhände in die Nähe der Brustwarzen. Diese sanft gestreichelt gibt Liebesoxytocin. Das Oxytocin wäre natürlich besser im Männerhirn gelandet, aber zumindest gibt sich die Frau zusätzliche Mühe, bei diesem Mann zu bleiben bzw. den Mann dazu zu bringen, bei ihr zu bleiben.

Liebeskummer inklusive

Monogame Beziehungen haben zwei kritische Zeiträume. Der erste ist das schon besprochene Nachlassen der rauschhaften Verliebtheit. Schluchz, Stöhn und Jammer gibt es, wenn nur der eine in den oxytocinigen Langzeit-Liebesmodus überwechselt, der andere sich aber gern nochmal in andere verlieben möchte. Der zweite kritische Punkt ist die Zeit nach etwa vier Jahren, in der es die meisten Trennungen gibt. Vier Jahre sind nötig, um ein Kind aus dem Gröbsten herauszuhaben. Bei früherer Trennung werden das Leben und die Gesundheit des Kindes gefährdet. Nach den vier Jahren tun sich aber wieder andere, neue Möglichkeiten auf.

Der evolutionäre Druck durch hilflose Kinder hat uns also zum einen die verliebte »Mini Probe«-Monogamie und dann die serielle »Ein Partner pro Kind«-Monogamie gebracht. Häufig kann es auch eine »Ein Partner mehrere Kinder«-Monogamie werden. Darüber, ob der Trend zu Monogamie immer stärker wird, kann nur spekuliert werden. Es kann sein, dass es seit der Zeit der menscherschaffenden Promiskuität einen allmählichen, linearen Trend zu mehr Monogamie gibt. Genauso kann es sein, dass die Entwicklung zur Monogamie recht schnell voranging und dann auf einem gewissen Niveau stehenblieb.

Genetisch bestimmt wird ja nur unsere Vorliebe für die eine oder andere Art des Zusammenlebens. Wie sich die Verhältnisse in den verschiedenen Gruppen einstellen, hängt von ihren Vorgeschichten und von äußeren Bedingungen ab. In den menschlichen Jäger-und-Sammlergesellschaften gab und gibt es verschiedene Formen des Zusammenlebens: von Gesellschaften, in denen ungebundener Sex ein Bindemittel der Gesellschaft ist, bis hin zu Gesellschaften, in denen streng darauf geachtet wird, wer mit wem und vor allem, wer mit wem nicht.

Liebe in Zeiten des Eigentums

Das Bemühen der Frauen, fähige und fürsorgliche Männer an sich zu binden, wurde mit der Erfindung der Landwirtschaft weiter angefacht. Nun gab es Besitz. Besitz gibt Versorgungssicherheit. Besitz gibt aber auch Macht. Macht der Besitzenden über die Nichtbesitzenden.

Acker ist wie ein Kind. Er braucht kontinuierliche Pflege und es tut ihm nicht gut, wenn seine Nutzer zu oft wechseln. Es wurde wirtschaftlich ratsam, längerfristig zusammenzuleben. Gleichzeitig wurde der Besitz von Land zu einem Auswahlkriterium. Für die erfolgreiche Kinderaufzucht sind Land, Haus und Geld von Vorteil. So strebten die Frauen zu wohlhabenden Männern hin und die Männer strebten nach Reichtum. Dieses Streben der Männer nach mehr hat viele großartige Leistungen der Menschheit hervorgebracht, aber auch viel Elend erzeugt. Und die Falle hat zugeschnappt. Nun wurde der Mann nicht mehr danach ausgewählt, wie gut er die Frau in verschiedenen Lebenslagen behandelt und wie er für ihr Wohlbefinden sorgt, sondern nach der Anzahl seiner Kühe. Und bald war es vorbei mit dem Männerauswählen. Da Besitz ein Männerprivileg war, hatten die Männer die Macht. Wer die Macht hat, bestimmt. Und so machten die mehr und minder mächtigen Männer untereinander aus, wer welche Frau bekommt. Und die mächtigsten von ihnen begnügten sich nicht nur mit einer.

Warum aber besitzen die Männer und nicht die Frauen das Land und die Reichtümer? Bei den Gorillas und Schimpansen wird die Alpha-Position oft an Söhne vererbt. Die Töchter dagegen verlassen die Gruppe, um in einer anderen Gruppe ohne elterliche Unterstützung bei null anzufangen. Weil Besitz mit Position verbunden ist, werden wohl auch die ersten Bauern ihr kleines Feld den Söhnen und nicht den Töchtern vererbt haben. So wurde bei den Menschen – wie bei den Gorillas und Schimpansen – die Position des Vaters an den Sohn weitergegeben: in Form von Besitz.

Die Monogamie des Christlichen Abendlands ist übrigens nur die Emanzipation der minder mächtigen Männer von den mächtigen Männern, nicht die Emanzipation der Frau. In den meisten Gegenden der Welt besitzen die mächtigsten Männer die meisten Frauen. In monogamen männerdominierten Gesellschaften bekommen die meisten Männer eine Frau ab. Dadurch ist der Unruhe stiftende Druck durch mittel- und frauenlose Männer nicht so groß wie in polygamen Gesellschaften. Denn in diesen polygamen Gesellschaften müssen nicht nur die Frauen, sondern auch die frauenlosen, frustrierten Männer unterdrückt und kontrolliert werden.

In männerdominierten Gesellschaften – egal ob offiziell monogam oder polygam – wird den Frauen jedwede sexuelle Freiheit verwehrt. Vielerorts wird Ehebruch der Frau mit schweren Strafen bis hin zur Todesstrafe belegt. Wenn der Besitz an die Söhne weitergegeben wird und mehreren Nachfolgegenerationen Nutzen bringen soll, so ist es aus Sicht der Gene ein Vorteil, wenn der Besitz an einen Nachkommen gegeben wird, der die eigenen Gene enthält. Aber selbst innerhalb der Ehe ist es in vielen patriarchalen Gesellschaften unerwünscht, dass die Frauen zu viel Spaß beim Sex haben. Das könnte sie nur zu aufmüpfigen Gedanken verleiten.

Das Streben nach dem perfekten Mann hat seine Tücken. Wie oben schon ausgeführt, stehen die Primatenweibchen immer auf den etwas kräftigeren Kerl und lassen die Männchen viele Generationen lang gegeneinander kämpfen, bis sie so groß sind, dass sie sich Harems zusammenrauben und Kindesmord begehen können. Beim Streben nach dem wohlhabenden Mann in der menschlichen Besitzgesellschaft sind die Frauen in den goldenen Käfig geflattert. Es gibt aber nicht nur goldene Käfige, sondern auch gusseiserne, in denen Gewalt herrscht. Weil die Käfigbesitzer sich gegenseitig nicht in die Behandlung ihrer Käfiginsassen hineinreden, haben die Frauen oft keine Möglichkeit, irgendwie gegen die Missstände in einer Beziehung vorzugehen. In einigen Gegenden der Welt ist das Los einer Ehefrau nicht sehr verschieden vom Los einer Haussklavin. In Europa hat bereits jede vierte Frau Gewalt in einer Beziehung erlebt.

Lieben und lieben lassen

Gleichberechtigte monogame Beziehungen lassen sich nur dort erreichen, wo der Reichtum auf Frauen und Männer gleichmäßig verteilt ist, und nur dort, wo die Monogamie keine Pflicht ist. Stabile Ehen und Familien gedeihen dort, wo sie durch Probieren entstehen, und nicht dort, wo sie befohlen werden. In solch einem freien gesellschaftlichen Klima gibt es zwar weniger Paare und vielleicht auch weniger Kinder als in Gesellschaften, in denen alle mehr oder minder zwangsverheiratet werden. Aber alle daran Beteiligten und Unbeteiligten sind glücklicher.

Die Monogamie, die sich bei uns allmählich, evolutionär herausgebildet hat, basiert – etwas vereinfacht ausgedrückt – auf dem Bindungshormon Oxytocin und den Rezeptoren dafür im Gehirn. Das Vorhandensein der Rezeptoren, also der »Empfängermoleküle« in bestimmten für Emotionen zuständigen Gehirnbereichen, bestimmt, wie wir Hormonduschen erleben. Die Menschen haben unterschiedlich viele Oxytocin-Rezeptoren. Die einen träumen nach dem Sex vom Heiraten und die anderen nehmen Sex wie eine gute Mahlzeit. Es gibt zwei sehr eng miteinander verwandte Mausarten, die Präriewühlmaus und die Wiesenwühlmaus. Die Präriewühlmaus ist schwer monogam, die Wiesenwühlmaus kein bisschen. Forscher können durch Blockieren, Freilegen oder Hinzufügen der Rezeptoren im Gehirn bei beiden Mausarten die Monogamie ein- und ausschalten. Es ist also nicht nur eine Sache des Wollens, sondern auch des Könnens. Vieles von dem, was wir als Persönlichkeit bezeichnen, ist Gehirnchemie.

Die Gesellschaft muss den Menschen Raum bieten, herauszufinden, was mann und frau für ein Typ ist. Sie muss Raum bieten, passende Partner finden zu können, und es ihnen ermöglichen, so zu leben, wie es ihnen behagt. Die einen mit Haus und Hund und die anderen mit Party und Swingerclub. Oder auch mit Haus und Hund und Party und Swingerclub. Das Internet schafft Möglichkeiten, sich mit Gleichgesinnten und gleich Fühlenden zusammenzutun, von denen früher nur geträumt werden konnte. Lassen wir ihnen und uns genügend Freiraum.

Wer ist perfekt? Und wenn ja, wie viele?
Doppelte und dreifache Strategien

Wir werden in einer hoffentlich nicht allzu fernen Zukunft in einer Gesellschaft leben, in der die Entscheidung für Monogamie eine emotionale und keine wirtschaftliche ist. Wir werden in einer Gesellschaft leben, die all die wettbewerbsfreundlichen, innovationsfördernden und leistungsorientierten Komponenten der Marktwirtschaft nutzt, aber verhindert, dass Einzelpersonen zu undemokratisch großer Macht durch Besitz gelangen. Bei solchen Utopien kommt dann oft der Einwand: »Wenn aber niemand mehr wirklich reich werden kann, geht da nicht eine Triebkraft verloren, durch die mutig immer wieder Neues geschaffen wird?« Sicher werden einige Jungunternehmer nicht mehr die ganz hohen Risiken eingehen, wenn nicht mehr das ganz große Geld lockt. Sie werden aber auch mutiger, wenn ihnen nicht mehr lebenslange Schuldensklaverei droht, falls etwas schiefgeht. Es läuft auf die Frage hinaus: »Ist das Streben nach Geld alles, was uns antreibt?«

Zeig, was du kannst!
Kann ein Mann – ohne Reichtum und ohne undemokratisch erworbene Macht – Alphamann sein? Ohne großen Reichtum oder große Macht kann ein Mann definitiv kein klassischer Alphamann sein, der über die Frauen und Männer seiner Gruppe bestimmt.

Sultane mit großen Harems, Diktatoren, die Frauen nehmen, wie sie wollen, und Steinreiche, die sich zu Hause ein Kultur-Ensemble für das Schlafzimmer halten, wird es nicht mehr geben. Es wird aber immer Männer geben, die ehrgeizig und durchsetzungsstark ihren Job, ihre Mission mit Erfolg durchziehen und von den Frauen dafür bewundert werden. Auch diese Männer werden umgangssprachlich Alphamänner genannt. Was ist der Unterschied?

Die zweite Gruppe Alphamänner sind zum Beispiel Firmenchefs. Durch ihre Chefposition haben sie aber nicht automatisch Sex mit allen weiblichen Angestellten. Sie haben eine Alpha-Position in einem bestimmten Machtgefüge. Und das verleiht ihnen Attraktivität und Respekt. Es ist ein komplexes Balzverhalten, bei dem mehrere Signale ausgesendet werden. Denn das Machtgefüge, in dem sie erfolgreich sind, ist nicht die gesamte Gesellschaft – also die gesamte Gruppe –, sondern ein spezifisches, oft männerspezifisches Gefüge. Männer können in Wirtschaft, Politik, Kunst, Wissenschaft oder anderswo erfolgreich sein. Dafür brauchen sie die klassischen Gorilla-Alphamann-Eigenschaften wie Durchsetzungsstärke, Zähigkeit und etwas Cleverness. In unserer industriellen Informationsgesellschaft reicht das aber nicht aus. Ein Mann muss auch teamfähig, kompromissfähig, einfühlsam, intelligent, kreativ sein und sich präsentieren können, um Erfolg zu haben. Auch bei einem Popstar reichen das Gesangstalent und das Aussehen nicht allein aus. Er muss mit einem künstlerischen Team arbeiten, das aus seinem Talent eine Show macht, und mit einem Team, das ihn vermarktet.

Der Erfolg spiegelt sich nicht nur auf dem Konto wider, sondern auch in Anerkennung und Ruhm. Wenn es nur das Geld wäre, das uns antreibt, dann könnten sich ja die reichen Männer aus dem Stress zurückziehen und ein beschauliches Leben in ihrer Villa führen und Blumen züchten. Aber diese Männer, die sehr viel Zeit haben, sich ihren Interessen zu widmen, drängt es in die Öffentlichkeit.

Die gesellschaftliche Anerkennung im Verein, in der regionalen und überregionalen Zeitung oder im Fernsehen ist für viele Menschen – Männer und Frauen – eine sehr wichtige und starke Triebkraft. Die Menschen wollen Orden und Auszeichnungen erhalten, auch wenn das kein Geld bringt.

Die Gesellschaft kann mit der Entscheidung, wen sie wofür ehrt, viel Einfluss ausüben. Nicht nur die Darstellung und Ehrung einzelner Personen sind von Bedeutung, sondern auch das Bild, das von Berufsgruppen gezeigt wird. Die Boulevardpresse verbraucht viel Zeit, Geld und Papier, um über irgendwelche Prinzchen und Prinzessinchen zu schreiben, während hochbegabte junge Poeten und Tüftler unbeachtet in ihren Stuben darben. Ein gutes Gegenbeispiel ist die Fernsehserie »Big Bang Theory«. Sie hat Naturwissenschaftler allgemein und Nerds im Besonderen aus der dunklen Ecke der Gesellschaft herausgeholt. Sie zeigt, dass diese Menschen – ohne die es kein Smartphone, kein Internet und keine Marsmissionen gäbe – liebenswerte Menschen sind, die einen anspruchsvollen Job haben. Die nach Serienstart stark gestiegenen Immatrikulationszahlen für Physikstudiengänge zeigen, dass es nun attraktiver geworden ist, sich auf das Arbeits- und Balzfeld »Physik« zu wagen.

Sorgen wir dafür, dass sich unsere Gesellschaft weiter dahin entwickelt, dass es sich – unabhängig vom genauen wirtschaftlichen Ertrag – für Menschen jeglichen Geschlechts lohnt, Olympiateilnehmer, Geschäftsführer einer erfolgreichen Firma, Dichter oder Erfinder zu werden.

Sonst noch einen Wunsch?

Neben den Balzstrategien rund um Position, Macht, Kunst und Geist gibt es noch die Strategie des rücksichtslosen Fieslings. Gauner und Ganoven schaffen es in kleinen, übersichtlichen Gruppen und in modernen demokratischen Gesellschaften glücklicherweise nur gelegentlich, ein echter Alphamann zu werden. Frauen wollen den Fiesling zwar nicht heiraten, aber Anziehungskraft hat er doch. Der allgemeine Trend der menschlichen biologischen und kulturellen Evolution geht ja hin zu immer besserer und ausgeklügelterer Kooperation. Nur gute Teams überleben in schwierigen, sich schnell verändernden Umwelten. Wer nun aber all die lieben netten kooperativen Mitmenschen erfolgreich betrügen kann – was nicht einfach ist –, ist evolutionär auch erfolgreich. Für Frauen kann es eine evolutionär sinnvolle Strategie sein, neben lauter netten kooperativ-erfolgreichen Kindern auch ein, zwei betrügerische Kinder zu haben. Sie wird mit ihnen keine schöne Zeit verbringen, aber ihre Gene werden so auch erfolgreich weitergegeben.

Und natürlich braucht eine Frau auch mal einen für sie exotischen Lover, um einige Kinder besonders inzuchtfrei und parasitenfest hinzubekommen.

Einer für alles. Alles in einem

Und wie bekommt Frau das alles gleichzeitig hin? Sie kann sich einen liebevollen, fleißigen, treusorgenden Ehemann suchen und sich zwei Liebhaber halten – einen Geschäftsführer mit Jet und einen knackigen Fitnesstrainer.

Statt aber drei Männer mühsam zu koordinieren, kann sich Frau natürlich auch einen Mann suchen, der alle diese Wünsche gleichzeitig erfüllt. Das wäre zum Beispiel der gut aussehende, redegewandte, musikalische Piratenkapitän, der die erbeutete Frau erst unsanft nimmt, sich dann in sie verliebt, ihr romantische Gedichte schreibt und sie am Schluss heiratet. Der tolle Kerl verliebt sich natürlich genau in diese Frau, denn keine andere Frau ist so begehrens- und liebenswert wie sie. Dieser Mann erfüllt die lange Liste an Anforderungen, die ein Mann erfüllen muss, um die bewussten Teile des Frauengehirns in Erregung zu versetzen. Vor der Heirat muss der Held natürlich schwere Prüfungen bestehen und sich seiner alles überwältigenden Liebe klarwerden. Die Liebe zur Heldin ist einmalig und unwiederholbar. Es ist die emotionale Entjungferung des Helden. Wunderbar evolutionsbiologisch analysiert in »Klick mich an! Der große Online-Sex-Report« von Sai Gaddam und Ogi Ogas. Dort werden Liebesromane und die im Internet kursierenden, meist von Frauen geschriebenen, erotischen Geschichten ebenso beleuchtet wie auch die verschiedenen Pornos.

Die erotischen Geschichten von modernen Frauen behandeln nun auch die promiskuitiven Fantasien der Frauen, die im klassischen Liebesroman tabu sind.

Die verschmähten Allerbesten

Das Streben nach dem Ehemann, der gleichzeitig Balz-Alphamann ist, bringt eine gewisse Ungleichheit in monogame Gesellschaften. Frauen hätten gern Männer mit höherem Einkommen und höherer Bildung, als sie selbst mitbringen. Dadurch bekommt nicht mehr jeder Topf seinen Deckel. Geringqualifizierte Männer mit geringem Einkommen bleiben übrig. Die Gesellschafft tut gut daran, diesen übrig gebliebenen Männern ein materiell, sozial und sexuell einigermaßen befriedigendes Umfeld zu schaffen, um sie nicht in die Hände von Extremisten laufen zu lassen.

Es bleiben auch Frauen übrig. Hier sind es aber nicht die gering qualifizierten Frauen, die männerlos leben müssen, sondern die hochqualifizierten, erfolgreichen Frauen. Sie finden keine Männer, die schlauer und besser verdienend sind als sie. Sie bemühen sich um die Männer, die genauso schlau und wohlverdienend sind. Um diese Männer bemühen sich aber auch die nicht ganz so hochgebildeten Frauen. Und viele Männer suchen eine Frau, von der sie bewundert werden. Und so gewinnen die besonders klugen Frauen diesen Wettbewerb nicht immer. Die nicht ganz superschlauen Frauen können bei Bedarf ihre Ansprüche auf ihr eigenes Niveau herunterschrauben und finden dann fast immer einen Mann. Die superklugen Frauen müssten ihre Ansprüche unter ihr eigenes Niveau herunterschrauben. Das machen sie aber fast nie und so bleiben sie übrig. Dass nun gerade die geistig

Fittesten unserer Art oft allein bleiben, ist schade. Für Männergene zahlt es sich wohl aus, mehr auf Jugend und große Augen und Brüste zu achten als auf die Intelligenz einer Partnerin. Das Werben um eine intelligente Frau birgt außerdem immer die Gefahr, dass diese Frau frühzeitig durchschaut, dass vieles vom Werbespektakel gar nicht echt ist. »Ah, diesen romantischen Abend hast du dir vom Film XYZ abgeguckt. Oh, dein dickes Auto ist ja noch lange nicht abbezahlt.« Der Effekt der monogamen Schieflage schwächt sich aber ganz langsam ab. Da Frauen immer mehr verdienen und immer stärker ins Arbeitsleben integriert sind, wird ihnen ein gleichartiger Partner, mit dem sie sich wohlfühlen, immer wichtiger als ein Partner, der etwas mehr verdient. Männer sind umgekehrt immer weniger in der Lage, eine Frau mit durchzufüttern, und finden immer mehr Gefallen an gut verdienenden, selbstständigen Frauen. Das macht sich bei den Sozialkassen bemerkbar, die feststellen, dass immer weniger bedürftige Frauen von Männern ernährt werden.

Und Action!
Mehr Spaß privat mit Primat

Die Liebe zwischen Mann und Frau ist – genauso wie die Liebe zwischen Mann und Mann und zwischen Frau und Frau – umgewandelte Kinderliebe. Bei der Liebe zwischen Geschlechtspartnern werden die gleichen Gehirnteile aktiv wie bei der Eltern-Kind-Liebe. Die liebevollen Gefühle der Eltern ihren Kindern gegenüber sind nicht sexuell. Wenn nun zwischen zwei Sexualpartnern durch viele gemeinsame Orgasmen, durch viel gemeinsames Kuscheln und durch angenehm miteinander verbrachte Zeit eine Oxytocin-Liebesbeziehung besteht, dann wird der Sex immer weniger wichtig für die Beziehung.

Monotongamie?

Anfangs wird dies als neues bereicherndes Gefühl erlebt. Es ist beruhigend, mit dem anderen einfach so verbunden zu sein, unabhängig davon, ob man in letzter Zeit guten, schlechten oder gar keinen Sex hatte. Irgendwann aber wird es etwas fade. Warum geht es nicht wild weiter – »Bis dass der Tod euch beim Beischlaf scheide.«?

Die wilde verliebte Zeit mit viel Sex gehört zur Strategie beider Geschlechter. Er will sie schwängern und sie will ihn binden. Ihr gelingt die Bindung durch steten Sex und eine starke Kuschel-Oxytocinbindung. Wenn nun aber die verliebte Phase zur Schwangerschaft führt, dann fällt nach der Geburt der Sex als Bindemittel eine Weile aus. Weder Mutter noch Kind brauchen gleich eine nächste Schwangerschaft. Weil eine schnelle nächste Schwangerschaft das Leben des gerade geborenen Kindes gefährdet, ist sie auch nicht im Interesse des Vaters. Der günstigste Abstand zwischen zwei Kindern beträgt etwa vier Jahre. Das Optimum für die Mutter-Kindesgesundheit wäre also eine mehrjährige sexuelle Unlust. Frauen fällt dies oft nicht schwer. All unsere Primatenverwandtschaft – mit Ausnahme der Bonobos – hat nach der Geburt eines Kindes einige Jahre keinen Sex. Der Stress mit dem Kleinkind tut sein Übriges. Da ist es sehr vorteilhaft, wenn die Männer vom Liebes-Oxytozin benebelt sind und keine sexuellen Ansprüche stellen.

Nicht ganz so schnell und heftig – aber eben doch spürbar – lässt der Sex in Qualität und Quantität nach, wenn Mann und Frau ohne Kinder leben oder die Kinder schon größer sind. Diese nicht reproduktiven Phasen sind evolutionär ohne jede Bedeutung und es gibt keine Optimierung in irgendeine Richtung. Gemeinerweise flüstern die Gene dem Gehirn zu: Keine Schwangerschaft? Was ist los? Vielleicht doch den Partner wechseln?

Wer unter diesen Bedingungen Jahre und Jahrzehnte mit ein und demselben Partner verbringen möchte, muss seinem Gehirn mit gutem Sex und starker Kuschel-Liebe-Oxytocin-Dusche vorgaukeln, dass in Sachen Genweitergabe alles in Ordnung wäre. Oder wie Annett Louisan singt: »Man braucht beide Welten, die heile und die geile.«

Wenn eines von beiden nicht da ist, kommen emotionale Zweifel auf. Alle Paartherapeuten sagen, dass mann und frau den nachlassenden Sex nicht als Zeichen für fehlende Liebe sehen sollen. Das ist richtig. Denn Liebe basiert auf Oxytocin, nicht auf Sex-Dopamin. Warum macht Liebe allein nicht immer glücklich? Weil wir unser Gehirn nicht bekommen haben, um glücklich zu sein, sondern um die weiter unter gelagerten Gene weiterzugeben. Liebe macht das Gehirn glücklich, aber Liebe ist nur ein Mittel zum Zweck. Ein Mittel zum Zwecke der Genweitergabe. Und die Genweitergabe funktioniert nur mit dem anderen Mittel – mit Sex. Das Gehirn von menschlichen Genträgern ist also erst mit Liebe und Sex glücklich. Und das macht Arbeit.

Wäre es denkbar, den sexualtriebdämpfenden Effekt des Oxytocins klein zu halten? Wenn Schimpansen-Frauen ihre Kinder mehrere Jahre stets am Körper tragen, dann bildet sich eine Oxytocinbindung aus. Wenn die Kinder mehr und mehr auf eigenen Beinen laufen bzw. an eigenen Armen hangeln, dann löst sich die Mutter-Kind-Beziehung allmählich.

Wenn zwei Sexualpartner jahrelang nebeneinander liegen, dann wird das innere Bild des Partners immer mehr von den Gehirnteilen bestimmt, die auf das Oxytocin reagieren, und immer weniger von denen, die in Vorfreude auf Sex schon freudig Dopamin ausstoßen. Könnte mann, könnte frau die Lust am gemeinsamen Sex durch weniger Zusammenherumliegen wieder anstacheln?

Die Antwort ist wie schon so häufig: Je nachdem. Wer in einer ruhigen, halbwegs stressarmen Lebensphase ist, kann dies ausprobieren. Getrennte Betten wären ein Probe wert. Oder gelegentlich ein paar Tage Dienstreise. Dann ist zwar nicht immer ein Kuschelbär zur Hand, aber aus dem Teddybär-Partner wird durch Abstand und nicht ständige Nähe und Verfügbarkeit wieder ein begehrenswerteres Sexualobjekt.

Wenn das Leben aber gerade an den Nerven zerrt, dann sollte man und frau den stabilisierenden Teddybär-Modus nicht aufgeben. Typisch ist die Phase mit Kleinkindern. Da kommen noch andere Oxytocin-Mitspieler hinzu – die Kinder. Wenn Töchterchen oder Sohnemann kommt: »Ich kann nicht einschlafen. Kann ich bei euch schlafen?«, wer kann da nein sagen? Wenn alle zusammen wie die Heringe in der Dose eng beieinanderliegend schlafen, dann fühlen sich die meisten Menschen sehr wohl dabei. Es gibt Doppel-Oxytocin. Von und für die Kinder und von und für den Partner. Das stabilisiert die angespannte Eltern-Psyche. Und für die Kinder, die ja auch oft einen großen Teil des Tages ohne die Eltern verbringen müssen, gibt dies zusätzliche emotionale Sicherheit und Stabilität. Es gibt Paartherapeuten, die dringend raten, die Kinder aus dem gemeinsamen Bett zu nehmen, um ausreichend Eltern-Kuschel-Zeit und eine gute bindende Sexualität zu ermöglichen. Das ist ein Abwägen zwischen Elternwohl und Kindeswohl. Wenn es den Eltern wegen guten Sexes gut geht, geht es auch den Kindern besser. Umgekehrt, wenn die nachts gut durchgekuschelten Kinder entspannter und pflegeleichter sind, hilft dies auch den Eltern und stabilisiert deren Beziehung.

Der Rat der Paartherapeuten ließe sich dann vielleicht so umformulieren: Die Kinder dürfen ins Eltern-Bett, wenn sich die Eltern andere Räume und Gelegenheiten für den Sex freihalten.

Das Ehebett ist in dem Moment, in dem die Kinder mit einziehen, vom besonderen Ort zum Ort des normalen Familienlebens geworden. Kind muss schlafen, Kind muss pullern, Kind hat noch Hunger! Das Ehebett, das vor Kurzem noch Schauplatz wilder Sexualität war, wird nun für lange Zeit nur keusches Kuscheln vieler Menschen erleben.

Ein Hobbyraum zum Hämmern und Nageln

Das mit den anderen Räumen und Gelegenheiten für den Sex sagt sich natürlich leichter, als es sich machen lässt. Wer kann sich ein extra Spielzimmer für die Eltern leisten? Und wenn ja, wie nennen wir den Raum, wenn Besuch kommt? Gästezimmer? Das ist keine schlechte Idee, denn die beiden können sich gegenseitig in dieses Zimmer einladen. Dann ist der eine zu Gast beim anderen. Dieses »Du bist bei mir zu Gast«-Zimmer hat idealerweise nur diesen einen Zweck. Nichts im speziellen Hobbyraum erinnert an die vielen irdischen Plagen da draußen. Wie es eingerichtet wird, ist Geschmackssache, es muss aber – zumindest anfangs – aufgeräumt sein. Denn während Männergehirne auf jeden ersten besten sexuellen Reiz anspringen, läuft im Frauengehirn eine viel komplexere Software ab, die entscheidet, ob Frau Lust hat oder nicht. Zwar werden die einzelnen Reize – ein Männerkörper zum Beispiel – wahrgenommen und auch schon mit einigen unbewussten Reaktionen beantwortet, aber sie führen nicht in den emotionalen Zustand »Ich bin erregt«. Es wird eine lange Checkliste abgearbeitet und erst wenn hinter jedem Punkt ein Haken gemacht ist, stellt sich Erregung ein. Unordnung signalisiert, dass irgendetwas nicht in Ordnung ist. Es fehlen Ressourcen, um Ordnung zu halten. Es sind also schlechte Bedingungen für Nachwuchs. Also sicherheitshalber kein Sex. Ordnung ist also ein Werbe-Fitness-Signal. Männer, die Ordnung halten, demonstrieren ihre guten Gene und ihre Ressourcen – Zeit zum Aufräumen. Das ist nach Richard Dawkins der »Erweiterte Phänotyp«. Männer! Also nicht bloß im Fitness-Studio die Muckis trainieren, sondern die Wohnung immer so sauber halten, dass überraschender Frauenbesuch begeistert sein wird. Und diesen Stil nach dem Zusammenziehen beibehalten, wenn man nicht bald wieder alleine wohnen will.

Sex am besonderen, dafür vorgesehenen Ort klingt erst einmal ziemlich langweilig, unspontan und gekünstelt. Aber es stellt sich ein anregender Gewöhnungs-Effekt ein, eine Konditionierung. So wie Pawlows Hunde irgendwann nach dem Glockenklang Speichelfluss bekamen und so wie manche Männer schon beim Einschalten des Computers eine Erektion bekommen angesichts der erwarteten Bilderflut, so stellt sich dann auch in diesem Zimmer ein erwartungsfroher Dopaminstoß ein, der der Sache einen wohligen Schub verleiht. Das funktioniert aber nur, wenn sich niemand unter Druck setzt. Denn die Konditionierung funktioniert auch mit negativen Erlebnissen.

Wem es nicht vergönnt ist, sich so einen Hobby-Raum oder Hobby-Keller einzurichten, sollte die Kinder an bestimmten Tagen verborgen und dann – erst mal ausschlafen. Idealerweise wird dann der ausgeschlafene Sex nicht im Superkuschelbett vollführt, sondern an einem anderen, weniger verkuschelten Ort.

So bleibt beides im Spiel, Sex und Kuscheln. Menschen kommen auch einige Zeit mit nur einem von beidem aus. Wenn aber im harten Stress beides wegfallen sollte, wird es kritisch. Dann fühlt sich die Frau alleingelassen und der Mann zum Haushaltsgerät herabgestuft. Wobei Männer prinzipiell nichts gegen eine Funktion als Waschmaschine, Schnellkochtopf und Babynachttopf haben, wenn sie selbst denn nur öfters als Dildo, Vibrator oder auch als Teddybär benutzt werden.

Hobbyraum-Kino

Spiel-Zimmer. Regelmäßiger Sex. Das reicht, um die ersten harten Kleinkindjahre zu überstehen. Für lebenslanges Zusammenleben könnte und sollte es vielleicht auch guter Sex sein. Was zeichnet guten Sex aus? Datenanalytische Gehirnteile prüfen die Reize. Wenn diese für gut befunden wurden, werden Befehle an Gehirnteile und Drüsen gesendet, eifrig Neurotransmitter und Hormone auszusenden. Die landen dann im Emotionszentrum und lösen verschiedene gute Gefühle aus. Der kleine, aber alles überspannende Gehirnbereich, der glaubt »Ich« zu sein, nimmt das wahr und schlussfolgert »Geil. Nochmal!«.

Für Erregung und Orgasmus braucht es mehrere positive Reize. Beim Mann einige wenige, bei der Frau viele. Bei der Bewertung der Reize ist unser Gehirn flexibel. Das ist eine gewaltige evolutionäre Errungenschaft großer Gehirne. Neue, unbekannte Reize sind immer interessanter und aufregender als Altbekanntes.

Wenn wir einen spannenden, aufwühlenden Film ein zweites Mal sehen, finden wir es irgendwie angenehm, an der spannenden Stelle nicht mehr ganz so aufgeregt im Kinosessel hin und her rutschen zu müssen. Wir bemerken verschiedene interessante Details, die uns beim ersten Mal in all der Aufregung gar nicht aufgefallen sind. Sitzen wir dann das zehnte Mal im inzwischen preisgekrönten und hochgelobten Film, würde uns hie und da ein bisschen Abwechslung und vor allem etwas Spannung und Ungewissheit freudig überraschen. Immer gewinnen die Guten und am Schluss kriegen sich die beiden.

Die Sache würde neu und aufregend, wenn wir einfach in einen anderen Film gingen. Das wollen wir aber nicht, denn schließlich sind wir ja mit dem Film verheiratet. Haben wir einen Film geheiratet? Nein, nur das Drehbuch – die evolutionären Triebe – und einen Schauspieler – den Partner. Den Film machen wir selbst. Stellen Sie sich vor, Sie müssen als Regisseur jeden Monat einen neuen Film abliefern, der nach dem gleichen Drehbuch gedreht wird und trotzdem jedes Mal den Saal füllen soll. Welche Variationsmöglichkeiten gibt es? Sie können Drehort, das Kostüm, die Maske und die Requisiten wechseln. Ihrer Fantasie sind keine Grenzen gesetzt. Drehen Sie den Film mal in 2-D und mal in 3-D!

Mit welchen Effekten und Animationen kann uns das Kreativ-Studio »Evolutionary Artists« helfen, unsere mit Spannung erwarteten Filme zu Kassenschlagern zu machen?

Die Künstler von »Evolutionary Artists« arbeiten nach dem Prinzip: »Lass die Sau raus«, oder genauer: »Lass den Primaten aus dir raus«. Sie gehen in die Archive unseres Gehirns und kramen im Keller der Evolution all die Kostüme und Rollen heraus, die wir in den letzten Millionen Jahren getragen und gespielt haben.

Die Gorilla-Kiste

Zuerst finden sie in unserem evolutionären Keller eine Kiste mit einem großen starken Alphamann – stark wie King Kong – und Frauen, die ihm ergeben sind. Weil er so groß und stark ist und weil er die Frauen sicher vor all den draußen lüstern mit erigierten Vergewaltigungsabsichten herumlaufenden, nichtswürdigen Männern schützt. Dieser Alphamann braucht kein Vorspiel. Seine Anwesenheit ist erregend genug. (Sexuell unterversorgte Kühe bekommen schon beim Anblick eines Stieres einen Orgasmus – »Bonk« von Mary Roach lesen.) Die Frauen geben sich dem Alphamann ohne diese und jene Extrawünsche hin. Der sich daraus ergebende Quickie ist kein Super-Schnell-Quickie, denn ein Alphamann braucht sich ja nicht zu beeilen.

Ein nicht geplanter Quickie zwischendurch gibt ihm das Gefühl, mal ein Alphamann zu sein, und ihr, einen zu haben. Nutzen Sie als Regisseur Dominanz und Submission. Das steckt in allen Köpfen, mehr oder minder stark. In unseren flexiblen, während der Schwangerschaft von den Hormonen geformten Gehirnen gibt es beide Vorlieben bei beiden Geschlechtern. Sie sind bei den einzelnen Menschen nur unterschiedlich stark ausgeformt. Hier ist es praktisch, wenn die Partner unterschiedliche Vorlieben haben. Wenn nun beide Partner die gleiche Vorliebe haben, dann muss in dem einen Film der eine etwas mehr schauspielern und der andere kann genießen und beim nächsten Film ist es umgekehrt.

Orang-Utan- und Gorilla-Alphamänner können sich zwar mehr Zeit lassen als die hektischen, gestressten Schimpansen-Männer. Aber für unsere Ansprüche ist das immer noch viel zu kurz. Unser fantasiebegabtes menschliches Gehirn kann die Situation von Dominanz und Submission mit ein paar Tüchern zum Festbinden oder anderer speziellerer, die Bewegungsfreiheit einschränkender Mittel ausdehnen und recht vielfältig gestalten.

Ein großer Sack voller Schimpansen

Wie sieht ein Erotik-Thriller aus, bei dem sich der Regisseur von Schimpansen inspirieren läßt? Bei den Schimpansen herrscht eine Mischung aus Haremsgehabe und Quer-durch-die-Gegend-Vögeln. Wie bei einem Chef, der sich auf der Karriereleiter jahrelang hoch und zum Herzinfarkt hin gearbeitet hat, um mit allen Sekretärinnen Sex haben zu können. Die haben auch alle Sex mit ihm, in der Mittagspause aber auch mit dem Buchhalter, dem Pförtner und dem Postboten.

Der Mann soll alle seine Freunde zum Fußballspiel-Ansehen nach Hause einladen. Oder auch zum Rotweinabend mit Diskussion über die Postmoderne. Egal. Die Frau präsentiert alle weiblichen Reize und noch einiges mehr. Sie genießt es, von einem Dutzend großer runder Männeraugen angestarrt zu werden. Je nach persönlicher Veranlagung und Erfahrung der Frau dürfen die Kumpels auch mal anfassen. Der Mann der Frau muss zusehen. Eine Steigerung ist dann, wenn er eine Weile nicht zusehen darf. Und dann ins Bett. Mit ihrem Mann. Die seit vielen Millionen Jahren wirkende Spermienkonkurrenz macht den Mann dann zum Hochleistungssportler. Die Herausforderung ist nur die, die vielen eingeladenen Freunde nur das machen zu lassen, was sie denn auch machen sollen. Der Bier- und Rotweinvorrat sollte nicht zu groß bemessen werden. Denn nicht umsonst ist das tägliche Leben der Schimpansen-Männer von so viel Gewalt zwischen Männern geprägt wie bei keiner anderen Menschenaffenart.

Eine andere Spielart, die bei Schimpansen gern praktiziert wird, ist »Sex gegen Ware«. Leckere Früchte gegen leckeres Hinterteil. Manche Menschen bauen auch das in ihre Sex-Spiele ein.

In wohlgeordneten Beziehungen werden Blumen und Pralinen übergeben, um Sex zu bekommen. Wenn dieser Zusammenhang allerding zu klar herausgestellt wird, dann hängt der Haussegen schief.

Der rappelnde Bonobo-Schrank

Wenn sich Regisseur und Regisseurin nun ihre künstlerische Inspiration bei den Bonobos holen, wie gerät der Film dann? Es wird ein Kurzfilmfestival. Laden Sie die Freunde vom letzten Mal wieder ein. Dazu noch einige – vorzugsweise bisexuelle – Freundinnen. Dann braucht es keine künstlerischen Anleitungen mehr, wer was zu tun habe, es muss sich nur jemand trauen, den Anfang zu machen.

Im Haushalt mit Kindern ist es meist etwas schwieriger, dieses Kurzfilmfestival durchzuführen. Es gibt dann noch die Low-Budget-Bonobo-Version für zu Hause. Sie tun es morgens. Sie tun es vormittags. Sie tun es mittags. Sie tun es am frühen Nachmittag. Sie tun es ...

Haben nun alle großen Menschenaffen ihren Beitrag für die Oskar-Nominierung der beiden Regisseure geleistet? Es fehlt natürlich noch der haarlose Menschenaffe. Was hat er im evolutionären Vorrat, was den Sex interessanter machen könnte?

Die Geige

Der nackte Affe hat eine einmalige Sexualpraktik, die ihm den typischen Menschen-Pfauenschwanz – das riesige Gehirn – eingebracht hat: Er liebt Kunst. Die beiden Akteure des Films können ins Konzert gehen. Sie können in eine Ausstellung ihres Lieblingsmalers gehen. Oder sie setzen sich im Kino auf die Kuschelplätze. Vielleicht legen sie einfach eine CD mit fesselnder Musik ein. Die Künstler auf der Bühne, auf der Leinwand oder auf der Silberscheibe regen mit ihrer gut gewählten Mischung aus Vertrautem und Neuem – mit Kunst eben – die Analyse- und Emotionsteile der beiden Gehirne an und sorgen bei beiden für einen anregend hohen Dopaminspiegel. Mit diesen wohligen, freudigen Gefühlen in Kopf und Bauch ist der Sexualpartner gleich viel attraktiver. Das Dopamin im Gehirn signalisiert: »Alles ist gut, es kann noch besser werden, mach weiter!« Oft sind in die Kunst schon sexuelle Signale eingebaut, um die Wirkung zu verstärken. Sei es ein direkter oder verschlüsselter Bezug auf Sex, sei es eine attraktive Sängerin oder ein betörend schöner Schauspieler. Es kommt darauf an, die Aufmerksamkeit dann nicht völlig auf das Kunstwerk zu richten, sondern auf den Partner übergleiten zu lassen. Da ist etwas Mut und Experimentierfreude gefragt.

Die Sexualpraktik »Kunst als Vorspiel« lässt sich abwandeln, wenn einer oder beide selbst Kunst machen. Hier kommt es nicht auf Kunst im akademischen Sinne an, sondern darauf, irgendetwas Schönes, Kreatives, Anregendes zu schaffen. Wer Beete zum Blühen bringt, zeigt seine Fähigkeiten und löst beim Partner Stolz und prickelndes Dopamin aus. Aber bitte nicht zu viele Pflanzen beim Sex umknicken!

Rosen – im Keller?

Eng mit der Kunst verwandt ist die Romantik. Diese Werbestrategie wird nur vom Primaten Mensch angewendet. Es ist das herzzerreißende Versprechen ewiger Monogamie. Es ist ein Balztanz, der – anders als bei Pfau und Birkhahn – nicht für alle Frauen aufgeführt wird, sondern nur für die eine. Der Balztanz ist aufwändig, wie das eben so einem Balztanz eigen ist. Er ist eine raffinierte Kombination verschiedener Signale. Der Werbende nimmt vielerlei Mühen auf sich, um seine Liebe zu beweisen. Er räumt sogar auf, besorgt sich Kerzen und macht sich schlau, welche Musik Frauen lieben könnten. Wenn er sie ins Restaurant einlädt, darf es etwas teurer sein, aber nicht zu protzig teuer. Denn wer sich protzig teuer leisten kann, ist vielleicht mit nur einer Frau lebenslang nicht zufrieden. Wenn der romantisch Werbende noch Liebesgedichte schreibt, beweist er seine intellektuellen Fähigkeiten und sein in ihm wohnendes Feingefühl. Zur Romantik gehört, die Partnerin von den Sorgen, die draußen lauern, abzuschirmen. Deshalb das beliebte lauschige Plätzchen. Die Sorgen des Lebens lauern aber nicht nur draußen, sondern auch im Hirn der Umworbenen. Die romantische Strategie ist es, durch süße Reize die Aufmerksamkeit von den im Inneren bohrenden Sorgen abzulenken und so ein Wohlgefühl zu erzeugen. Ein bisschen Schmachten darüber, wie viel emotionalen Aufwand dieses Werben macht: »Ich kann an nichts anderes mehr denken als nur an dich«, verbessert den Gesamteindruck.

Wie lässt sich nun Romantik in einem Alltag mit Kindern, Hund und Hypothekenzahlung unterbringen? Egal ob bei Shakespeare oder Hollywood, eine Romanze braucht Zeit. Mindestens anderthalb Stunden. Wenn der Partner trotz Überstunden, Elternabend und Rasenmähen so viel Zeit aufwenden kann und auch wirklich aufwendet, um für Ruhe und Entspannung zu sorgen, dann ist er wohl der richtige Partner. Und dieses Signal ist sehr erotisierend. Stufe zwei der Romantik ist es dann, wenn der Mann seine uralten »Mach schnell und nutze die Gelegenheit«-Reflexe zügelt und minuten- und stundenlang die körperlichen Bedürfnisse der Frau befriedigt. Romantisch ist es, wenn er seine Nervenenden erst einmal zurückstellt und sich um die Nervenenden der Frau kümmert. Um die vielen Nervenenden auf der Haut, die dem Gehirn übermitteln: »Ich werde gestreichelt, ich bin in der Gruppe, ich bin sicher«, und um die anderen, die dem Gehirn übermitteln: »Ich werde feinfühlig gestreichelt, das könnte guter Sex werden.« Und dann gilt es, die vielen Enden der vielen Verzweigungen der Beckennerven und der Vagusnerven, die zu Klitoris, zu verschiedenen Bereichen der Vagina und zum Gebärmutterhals führen, mit Streichel- und Massageeinheiten zu verwöhnen. Die Klitoris enthält übrigens doppelt so viele Nervenenden wie ein Penis.

Für die Entdeckungsreise zu diesem so wichtigen Nervengeflecht gibt es viele gute Ratgeber. Für ein prinzipielles Verständnis davon, wie das weibliche Gehirn und die Nerven zusammenspielen, lesen Sie Naomi Wolfs »Vagina. Eine Geschichte der Weiblichkeit«. Damit die von sensiblen Händen ausgelösten Reize im Gehirn zu Erregung umgewandelt und nicht nur als Getatsche empfunden werden, müssen vorher einige Schalter im Gehirn auf Wohlfühlbetrieb umgelegt werden. Die schon beschriebene romantische Stimmung und dazu noch liebevoll schmeichelnde Worte helfen sehr. Männer, die glauben, die Werbephase sei abgeschlossen – die Frau ist doch da –, gewöhnen sich schnell ab, die Schönheit ihrer Frau immer und immer und immer und immer wieder zu bewundern.

Ein Regal voller Kuscheltiere

Eine andere sexuelle Besonderheit des nackten Affen ist die, dass manche Sexualpartner mehr körperlichen Kontakt miteinander haben als Kinder mit ihrer Mutter. Kuscheln steigert den Oxytocin-Pegel, was die sexuelle Erregbarkeit und Erregung steigert. Wenn aber auch an all den anderen Tagen, an denen kein Film-Dreh läuft, gekuschelt wird, kann das auch gelegentlich weggelassen werden.

Bungee-Jumping zu zweit?

Aufregender Sex verbindet. Aufregung verbindet auch. Regen Sie sich nicht übereinander auf, sondern miteinander. Sie haben sicher schon von dem Hängebrückenexperiment gehört. Männer, die über eine schaukelnde Brücke gingen, riefen öfter bei der Frau an, die ihnen ihre Nummer gegeben hatte, als Männer auf einer stabilen Brücke. Wenn man mit einem Menschen gemeinsam etwas Aufregendes erlebt hat, dann verbindet sich diese Erfahrung mit der Erinnerung an diese Person. Fahren Sie ab und zu mit ihrem Partner Achterbahn – gemeinsam! Ein Action-Thriller im Kino mit Händchen-oder-anderes-halten wirkt auch schon.

Wir haben keine Geheimnisse

Sex in der Öffentlichkeit kann aus zwei Gründen aufregend sein. Sex in der Öffentlichkeit demonstriert eine hohe Position. Sex von Alphamann und Alphafrau findet bei Schimpansen in aller Öffentlichkeit statt. Rangniedere Männchen und Weibchen werden von Alphamännern bzw. Alphafrauen angefaucht und vertrieben, wenn sie rangungemäßen Sex haben wollen. Wer es ungeniert treibt, hat einfach keinen Grund, sich zu genieren.

Ein anderer Mechanismus, der Sex an ungewöhnlichen Orten einen besonderen Kick verleiht, ist der Reiz des Verbotenen. Beim Begehen von etwas Unerlaubtem oder schon bei der Vorstellung, etwas Unerlaubtes zu begehen, werden die für Angst, Kampf und Flucht zuständigen Gehirnteile aktiviert. Bei manchen Menschen gibt es von dort aus Verknüpfungen zu sexuell aktiven Gehirnbe-reichen. Dann werden Situationen, die andere Menschen tunlichst meiden würden, für sie wahnsinnig erregend.

Liebe – alles nur Evolution?

Reicht es, wenn wir nun alle unseren inneren Primaten mit ins Bett nehmen? »Liebling, möchtest du heute Abend Gorilla oder Bonobo?« Bis jetzt klingt es ja so, als ob eine Beziehung nur aus Kuschel-Oxytocin-Liebe und gutem Sex besteht. Wenn es denn so einfach wäre. Es sind noch einige andere Dinge nötig, bei de-nen wir uns nicht von unserer haarigen Vergangenheit inspirieren lassen können. Menschen brauchen die richtige Mischung aus Abstand und Nähe zueinander. Menschen müssen sich gleichzei-tig Sicherheit und Freiheit geben. Sie müssen aufeinander stolz sein können. Das Temperament – das von Genen und embryona-len Hormonen geformt wurde – sollte auch einigermaßen zusam-menpassen. Das wird auch von der Anthropologin Helen Fisher in ihrem Buch »Warum es funkt – und wenn ja, bei wem« ausge-führt. Oft wird beim Zueinanderfinden auch die Bedeutung der inneren Uhr unterschätzt. Wenn der eine nur morgens, der an-dere nur abends Lust hat, wird das auf Dauer nichts. In unserer Kultur-Welt kann es für den partnerschaftlichen Zusammenhalt von Vorteil sein, weltanschaulich auf ähnlicher Wellenlänge zu lieben. Und ganz wichtig ist: Seid nett zueinander!

Noch mehr Besuch im Bett?

Können wir zur Belebung des Sexuallebens noch jemanden ins Bett lassen? Andere Leute? Wenn beide Spaß daran haben, wohl ja. Weil sich unser soziobiologisches Verhalten – also unser Paa-rungsverhalten – nicht aus einer Haremsstruktur, sondern aus promiskuitiven, gemischten Gruppen entwickelt hat, können wir auch mit mehreren. Sowohl sexuell als auch emotional.

Es können aber auch die Fantasien eingeladen werden. Nicht die Fantasien über Sex mit Abwesenden, die beim Sex den Anwesenden durch den Kopf gehen. »Guten Tag, ich bin George, die Fantasie deiner Frau.« Es könnten die sexuellen Fantasien und Wünsche des Partners – mit leckeren Keksen aus dessen Kopf herausgelockt – ins gemeinsame Bett eingeladen und dort ausgelebt werden. Und dann – ein anderes Mal – die eigenen Fantasien, die der Partner noch nicht kennt. Wenn beide immer nur das miteinander ausleben, von dem sie denken, dass auch der Partner es mag, dann bleiben viele ihrer Fantasien im Panzerschrank und werden nur in stiller Selbstbedienungs-Stunde herausgelassen. Für erfüllten Sex sollten beide ihre Fantasien ausleben können. Mal lässt der eine sich sexuell bedienen und verwöhnen, mal der andere. Der Paar- und Sexualtherapeut Ulrich Clement fordert zum Beispiel in »Guter Sex trotz Liebe«, sich nicht nur auf die Gemeinsamkeiten zu verlassen. Die Gemeinsamkeiten sind wichtig, aber nicht alles. Jeder hat sein eigenes sexuelles Profil. In uns stecken all die verschiedenen evolutionären Strategien – sowohl in männlicher als auch in weiblicher Ausführung sowie in unterschiedlich starker Ausprägung. Bei jedem Menschen ist die Mischung dessen, was er als erregend, begehrenswert und wünschenswert empfindet, anders.

Finden Sie heraus, was Sie und Ihren Partner glücklich macht! Probieren Sie es aus! Seien Sie mutig! Und seien Sie nicht schweigsam! Erzählen Sie es Ihren Freundinnen und Freunden, stellen Sie es ins Internet und schreiben Sie Bücher darüber! Nur so wird die kulturelle Evolution des Menschen vorangetrieben. So werden wir hoffentlich bald zu *homo sapiens beatus*, dem weisen, glücklichen Menschen.

Literaturverzeichnis

Sex und Tod
Oder doch besser Jungfrauengeburt?
Unser erster Sex
Über Erbgutes und Geschlechtes

Dawkins, Richard: Das egoistische Gen. Hamburg, 2005
Ridley, Matt: Eros und Evolution — Die Naturgeschichte der Sexualität. München, 1995
Schön, Georg: Pilze – Lebewesen zwischen Pflanze und Tier. München, 2005
Walochnik, Julia: Hotel Mensch – Unerwünschte Gäste unseres Körpers. Wien, 2011
Wildermuth, Volkart: Lohnt Sex, und wenn ja, mit wem? Neues über den Sinn der geschlechtlichen Fortpflanzung. www.deutschlandfunk.de/lohnt-sex-und-wenn-ja-mit-wem.740.de.html?dram:article_id=111353
Zrzavý, Jan/Storch, David/Mihulka, Stanislav: Evolution – Ein Lese-Lehrbuch. Heidelberg, 2009

Magidan, Michael T./Martinko, John M.: Brock Mikrobiologie. München, 2006
Martínez Martínez, Joaquín/Swan, Brandon K./Wilson, William H.: Marine viruses, a genetic reservoir revealed by targeted viromics, The ISME Journal, 2013, 1–10
Nultsch, Wilhelm: Allgemeine Botanik. Stuttgart, 2000
Pongratz, Norbert/Storhas, Martin/Carranza, Salvador/Michiels, Nicolaas K.: Phylogeography of competing sexual and parthenogenetic forms of a freshwater flatworm: patterns and explanations. BMC Evolutionary Biology, 2003, 3:23

Slonczewski, Joan L./Foster, John W.: Mikrobiologie – Eine Wissenschaft mit Zukunft. Heidelberg, 2012

Heute schon gezwittert?

Bennemann, Markus: Die Evolution im Liebesrausch – Das bizarre Paarungsverhalten der Tiere. Frankfurt am Main, 2010

Kesseler, Rob/Harley, Madeline: Die geheimnisvolle Sexualität der Pflanzen – von Blüten und Pollen. München, 2008

Niemann, Tobias: Kamasutra kopfüber – Die 77 originellsten Formen der Fortpflanzung. München, 2010

Miersch, Michael: Das bizarre Sexualleben der Tiere – Ein populäres Lexikon von Aal bis Zebra. München, 2001

Nordsiek, Robert: Die lebende Welt der Weichtiere – Der Genitalapparat. http://weichtiere.at/Schnecken/weinbergschnecke.html?/Schnecken/land/weinberg/seiten/fortpflanzung.html

Koene, Joris M./Schulenburg, Hinrich: Shooting darts: co-evolution and counter-adaption in hermaphroditic snails. BMC Evolutionary Biology, March 2005

Michiels, N. K./Newmann, L. J.: Sex and violence in hermaphrodites. Nature, Vol. 391, February 1998

Miller, Brooke L. W.: Sexual conflict and partner manipulation in the banana slug, Ariolimax dolichophallus. Dissertation Udini 2007

Pearse, John/Leonard, Janet: Lecture note Banana Slug, https://bananaslug.soe.ucsc.edu/lecture_notes:04-23-2010#banana_slug_biology

Alter und Tod

Béliveau, Richard/Gingras, Denis: Der Tod – Das letzte Geheimnis des Lebens. München, 2012

Fossel, Michael: Das Unsterblichkeitsenzym – Die Umkehr des Alterungsprozesses ist möglich. München, 1996

De Grey, Aubrey/Rae, Michael: Niemals alt! – So lässt sich das Altern umkehren. Fortschritte der Verjüngungsforschung. Bielefeld, 2010

Hengstschläger, Markus: Endlich unendlich – Und wie alt wollen Sie werden? Salzburg, 2008

Wolpert, Lewis: Wie wir leben und warum wir sterben – Das geheime Leben der Zellen. München, 2009

Gentile, Luca/Cebrià, Francesc/Bartscherer, Kerstin: The planarian flatworm: an in vivo model for stem cell biology and nervous system regeneration. Disease Models Mechanisms, 4/1 (Jan 2011), 12–19

Es ist Wahltag

Reichholf, Josef H.: Der Ursprung der Schönheit. München, 2011
Voland, Eckart: Die Natur des Menschen – Grundkurs Soziobiologie. München, 2007
Voland, Eckart: Soziobiologie – Die Evolution von Kooperation und Konkurrenz. Heidelberg, 2009

Corl, Ammon/Davis, Alison R./Kuchta, Shawn R./Comendant, Tosha/Sinervo, Barry: Alternative mating strategies and the evolution of sexual size dimorphism in the side-blotched lizard, Uta stansburiana: a population-level comparative analysis. Evolution, 64/1 (Aug. 2009), 79–96
Hughes, Kimberly A./Houde, Anne E./Price, Anna C./Rodd, Helen F.: Rare male mating advantage in wild guppy populations. Nature, 503 (2013), 108–110
Oh, Kevin P./Badyaev, Alexander V.: Adaptive genetic complementarity in mate choice coexists with selection for elaborate sexual traits. Proceedings of the Royal Society B., August 2006
Stephens, Tim: Cooperation between unrelated male lizards adds a new wrinkle to evolutionary theory. UC Santa Cruz currents online, 2003

Wählerisch?

Barash, David P./Lipton, Judith E.: Wie die Frauen zu ihren Kurven kamen – Die rätselhafte Evolutionsbiologie des Weiblichen. Heidelberg, 2010
Belting, Hans: Faces – eine Geschichte des Gesichts. München, 2013
Eilert, Dirk W.: Mimikresonanz – Gefühle sehen. Menschen verstehen. Paderborn, 2013
Ekman, Paul: Ich weiß, dass du lügst – Was Gesichter verraten. Hamburg, 2011

Etcoff, Nancy: Nur die Schönsten überleben – Die Ästhetik des Menschen. München, 1999

Ganten, Detlev/Spahl, Thilo/Deichmann, Thomas: Die Steinzeit steckt uns in den Knochen – Gesundheit als Erbe der Evolution. München, 2009

Grammer, Karl: Signale der Liebe – Die biologischen Gesetze der Partnerschaft. Hamburg, 1993

Gründl, Martin: Beautycheck – Schönheit ist messbar! www.beautycheck. de

Kanning, Uwe: Was sagt die Kopfform eines Menschen über seine Persönlichkeit aus? Skeptiker 2/2012

Kruse, Andrea: Der heimliche Dirigent – Wie das Immunsystem Partnerwahl und Schwangerschaft beeinflusst. Heidelberg, 2013

Reinhard, Rebekka: Schön! Schön sein, schön scheinen, schön leben – eine philosophische Gebrauchsanleitung. München, 2013

Renz, Ulrich: Schönheit – Eine Wissenschaft für sich. Berlin, 2006

Shubin, Neil: Der Fisch in uns – Eine Reise durch die 3,5 Milliarden Jahre alte Geschichte unseres Körpers. Frankfurt am Main, 2008

Dunsworth, Holly M./Warrener, Anna G./Deacon, Terrence/Ellison, Peter T./Pontzer, Herman: Metabolic hypothesis for human altriciality. Proceedings of the National Academy of Sciences of the United States of America, April 2012

Gründl, Martin: Determinanten physischer Attraktivität – der Einfluss von Durchschnittlichkeit, Symmetrie und sexuellem Dimorphismus auf die Attraktivität von Gesichtern, Habilitationsschrift, Regensburg, 2011

Haselhuhn, M.P./Wong, E.M.: Bad to the bone: facial structure predicts unethical behaviour. Proceedings of the Royal Society B: Biological Sciences, 279 (2011), 571–576

Liebe im Erbgut: Per Gentest zum Traumpartner. Spiegel online, 31.10.2008

Neal, David T./Chartrand, Tanya L.: Embodied Emotion Perception: Amplifying and Dampening Facial Feedback Modulates Emotion Perception Accuracy. Social Psychological & Personality Science, April 2011

Saxton, Tamsin K./Little, Anthony C./DeBruine, Lisa M./Jones, Benedict C./Roberts, S. Craig: Adolescents' preferences for sexual dimorphism are influenced by relative exposure to male and female faces. 2009

Voland, Eckart/Grammer, Karl (Eds): Evolutionary Aesthetics. Berlin, Heidelberg, New York, 2003

Wong, Elaine M./Ormiston, Margaret E./Haselhuhn, Michael P.: A Face Only an Investor Could Love: CEOs' Facial Structure Predicts Their Firms' Financial Performance. Psychological Science, 22 (Dec 2011), 1478–1483

Orpheus in der Urzeitwelt

Altenmüller, Eckart: Gibt es Frauen- oder Männermusik? Zur Neurobiologie geschlechtsspezifischer Merkmale bei Musikwahrnehmung und -produktion. Vortrag Symposium Turm der Sinne, 2010
Drösser, Christoph: Hast du Töne? – Warum wir alle musikalisch sind. Hamburg, 2009
Levitin, Daniel: Der Musik-Instinkt – Die Wissenschaft einer menschlichen Leidenschaft. Heidelberg, 2009
Schmoeckel, Reinhard: Bevor es Deutschland gab. Expedition in unsere Frühgeschichte – von den Römern bis zu den Sachsenkaisern. Bergisch Gladbach, 2000
Spitzer, Manfred: Musik im Kopf: Hören, Musizieren, Verstehen und Erleben im neuronalen Netzwerk. Stuttgart, 2009

Semple, Stuart/Gerald, Melissa S./Suggs, Dianne N.: Bystanders affect the outcome of mother-infant interactions in rhesus macaques. Proceedings of the Royal Society B, March 2009
Townsend, S. W./Manser, M. B.: The funcion of nonliniear phenomena in meerkat alarm calls. Biology letters, 7 (1) (2011), 47–49

Junge oder Mädchen?
Intersexualität

Averkamp, Verena: Jenseits der zwei Geschlechter – Wenn nicht sein kann, was nicht sein darf. Vom Umgang mit Intersexualität. Hamburg, 2012
Brönimann, Nadia/Schüz, Daniel J.: Die weisse Feder – Hat die Seele ein Geschlecht? Bern, 2002
Calvi, Eva Maria: Eine Überschreitung der Geschlechtergrenzen? Intersexualität in der ›westlichen Gesellschaft‹. Baden-Baden, 2012
Morgen, Clara: Mein intersexuelles Kind – weiblich männlich fließend. Berlin, 2013

Puenzo, Lucia: XXY. Kool Filmdistribution, 2007

Scharang, Elisabeth: Tintenfischalarm. wega Film, 2006

Schweizer, Katinka/Richter-Appelt, Hertha (Hg.): Intersexualität kontrovers – Grundlagen, Erfahrungen, Positionen. Gießen, 2013

Sciamma, Céline: Tomboy. Alamode Filmdistribution, 2012

Solomonoff, Julia: Mein Sommer mit Mario. Domenica Films, 2009

Stern, Caroline: Intersexualität: Geschichte, Medizin und Psychosoziale Aspekte. Marburg, 2010

Tekal, Ronny: Sorry, das waren die Hormone! Was uns im Leben wirklich steuert. Zürich, 2013

Wie kommt das Geschlecht ins Gehirn?

Weibliches und männliches Gehirn

Baron-Cohen, Simon: Frauen denken anders. Männer auch – Wie das Geschlecht ins Gehirn kommt. München, 2009

Brizendine, Louann: Das weibliche Gehirn. München, 2008

Brizendine, Louann: Das männliche Gehirn. München, 2011

Fine, Cordelia: Die Geschlechterlüge – Die Macht der Vorurteile über Frau und Mann. Stuttgart, 2012

Hüther, Gerald: Männer – Das schwache Geschlecht und sein Gehirrn. Göttingen, 2009

Quaiser-Pohl, Claudia/Jordan, Kirsten: Warum Frauen glauben, sie könnten nicht einparken – und Männer ihnen Recht geben. München, 2007

Diverse Autoren: Mann & Frau. Spektrum der Wissenschaft: Gehirn und Geist, Dossier. Heidelberg, 2014

Transidentität und Homosexualität

Aldrich, Robert (Hg.): Gleich und anders – Eine globale Geschichte der Homosexualität. Hamburg, 2007

Allex, Anne (Hg.): Stop Trans*-Pathologisierung – Berliner Beiträge für eine internationale Kampagne. Neu-Ulm, 2013

D'Arcangelo, Angelo: Handbuch für Homosexuelle. Berlin, 2012

Böge, Jula: Ich bin (k)ein Mann. Münster, 2009

Brill, Stephanie/Pepper, Rachel: Wenn Kinder anders fühlen – Identität im anderen Geschlecht. München, 2011

Fiedler, Peter: Sexuelle Orientierung und sexuelle Abweichung: Heterosexualität – Homosexualität – Transgenderismus und Paraphilien – sexueller Missbrauch – sexuelle Gewalt. Basel, 2004

Franzen, Jannik/Sauer, Arn: Benachteiligung von Trans*Personen, insbesondere im Arbeitsleben. Studie der Antidiskriminierungsstelle des Bundes. Berlin, 2010

Henschel, Jana/Cline, Denise: Telefonate mit Denise. Berlin, 2008

Hertzer, Karin: Mann oder Frau – Wenn die Grenzen fließend werden. München, 1999

Köbele, Alexandra: Ein Junge namens Sue. Gießen, 2011

kollektiv sternchen und steine (Hg.): Begegnungen auf der Trans*fläche. Münster, 2012

Lee, Ang: Brokeback Mountain. Universum Film GmbH, 2011

Rauchfleisch, Udo: Anne wird Tom – Klaus wird Lara. Transidentität/Transsexualität verstehen. Ostfildern, 2013

Rauchfleisch, Udo: Mein Kind liebt anders – Ein Ratgeber für Eltern homosexueller Kinder. Ostfildern, 2012

Roughgarden, Joan: Evolution's Rainbow – Diversity, Gender, and Sexuality in Nature and People. Berkeley, 2004

Weiss, Danièlle: Die vergessene Königin – Leben in Transidentität. Schalksmühle, 2013

Zinn, Dorit: Mein Sohn liebt Männer. Hamburg, 2008

Unsere haarigen Verwandten

Fischer, Julia: Affengesellschaft. Berlin, 2013

Fossey, Dian: Gorillas im Nebel – Mein Leben mit den sanften Riesen. München, 1989

Geissmann, Thomas: Vergleichende Primatologie. Berlin, Heidelberg, New York, 2003

Hof, Jutta/Sommer, Volker: Menschenaffen wie wir – Portraits einer Verwandtschaft. Mannheim, 2010

Meder, Angela: Gorillas – Ökologie und Verhalten. Heidelberg, 1993

Morris, Desmond/Parker, Steve: Die Welt der Menschenaffen. Hamburg, 2010

Schuster, Gerd/Smits, Willie/Ullal, Jay: Die Denker des Dschungels – Der Orangutan-Report. Potsdam, 2007

Shultz, Susanne/Opie, Christopher/Atkinson, Quentin D.: Stepwise evolution of stable sociality in primates. Nature, Vol. 479, November 2011

Silk, Joan B.: The path to sociality. Nature ,Vol. 479, November 2011

Sommer, Volker: Die Affen – Unsere wilde Verwandtschaft. Hamburg, 1989

Sommer, Volker: Schimpansenland. München, 2008

De Waal, Frans/Lanting, Frans: Bonobos – Die zärtlichen Menschenaffen. Basel, 1998

De Waal, Frans: Der Affe in uns – Warum wir so sind, wie wir sind. München, Wien, 2006

Clevere Savannengänger

Berger, Ruth: Warum der Mensch spricht – Eine Naturgeschichte der Sprache. Frankfurt am Main, 2008

Jahn, Andreas (Hg.): Wie das Denken erwachte – Die Evolution des menschlichen Geistes. Heidelberg, 2012

Junker, Thomas: Die Evolution des Menschen. München, 2008

Miller, Geoffrey F.: Die sexuelle Evolution – Partnerwahl und die Entstehung des Geistes. Heidelberg, 2001

Potts, Richard/Sloan, Christopher: What does it mean to be human? Washington D.C., 2010

Roberts, Alice: Die Anfänge der Menschheit – Vom aufrechten Gang bis zu den frühen Hochkulturen. München, 2012

Ryan, Christopher/Jethá, Cacilda: Sex at Dawn – How We Mate, Why We Stray, and What It Means for Modern Relationships. New York, 2010

Schrott, Raoul/Jacobs, Arthur: Gehirn und Gedicht – Wie wir unsere Wirklichkeiten konstruieren. München, 2011

Ich bin dir treu. Aber nicht nur dir!

Agentur der Europäischen Union für Grundrechte: Gewalt gegen Frauen: eine EU-weite Erhebung – Ergebnisse auf einen Blick. Luxemburg, 2014

Bartens, Werner: Was Paare zusammenhält – Warum man sich riechen können muss und Sex überschätzt wird. München, 2013

Diamond, Jared: Warum macht Sex Spaß? – Die Evolution der menschlichen Sexualität. Frankfurt am Main, 2011

El Feki, Shereen: Sex und die Zitadelle – Liebesleben in der sich wandelnden arabischen Welt. Berlin, 2013

Froböse, Rolf/Froböse, Gabriele: Lust und Liebe – alles nur Chemie? Winheim, 2005

Kast, Bas: Die Liebe – und wie sich Leidenschaft erklärt. Frankfurt am Main, 2006

Liekens, Goedele: Das Vagina Buch. München, 2012

Precht, Richard David: Liebe – Ein unordentliches Gefühl. München, 2009

Rauland, Marco: Orgasmen stärken die Abwehr – Die kuriose Welt der Sexperimente und ihre Erkenntnisse. Reinbek, 2010

Ridley, Matt: Die Biologie der Tugend – Warum es sich lohnt, gut zu sein. Berlin, 1999

Roach, Mary: Bonk. Alles über Sex – von der Wissenschaft erforscht. Frankfurt am Main, 2009

Sundahl, Deborah: Weibliche Ejakulation und der G-Punkt. Freiburg, 2006

Tekal, Ronny: Sorry, das waren die Hormone! Was uns im Leben wirklich steuert. Zürich, 2013

WHO, Department of Reproductive Health and Research. London School of Hygiene and Tropical Medicine. South African Medical Research Council 2013: Global and regional estimates of violence against women – Prevalence and health effects of intimate partner violence and non-partner sexual violence. 2013. WHO reference number: 978 92 4 156462 5

Williams, Florence: Der Busen – Meisterwerk der Evolution. München, 2013

Wolf, Naomi: Vagina – Eine Geschichte der Weiblichkeit. Hamburg, 2013

Wer ist perfekt? Und wenn ja, wie viele?

Big Bang Theory: http://de.wikipedia.org/wiki/Big_Bang_Theory

Gaddam, Sai/Ogas, Ogi: Klick! Mich! An! – Der große Online-Sex-Report. München. 2012

Illouz, Eva: Die neue Liebesordnung – Frauen, Männer und Shades of Grey. Berlin, 2013

Junker, Thomas/Paul, Sabine: Der Darwin Code – Die Evolution erklärt unser Leben. München, 2009

Uhl, Matthias/Voland, Eckart: Angeber haben mehr vom Leben. Heidelberg, 2011

Und Action!

Clement, Ulrich: Guter Sex trotz Liebe – Wege aus der verkehrsberuhigten Zone. Berlin, 2012

Fisher, Helen: Warum es funkt – und wenn ja, bei wem – Wie die Persönlichkeit unsere Partnerwahl beeinflusst. München, 2011

Fisher, Helen: Anatomie der Liebe – Warum Paare sich binden und auseinandergehen. München, 1995

Jung, Mathias: Zeit für Zärtlichkeit – Vom Abenteuer der Zuneigung. Lahnstein, 2005

Perel, Esther: Wild Life – Die Rückkehr der Erotik in die Liebe München, 2010

Perel, Esther: The secret to desire in a long-term relationship. TED Conference 2013. www.youtube.com/watch?v=sa0RUmGTCYY

Wetz, Franz Josef: Lob der Untreue – Eine Unverschämtheit. München, 2012